Gabriel Castellano
Didier Gastmans

Kohlendioxidemissionen aus dem Boden des Atlantischen
Regenwaldes

Gabriel Castellano
Didier Gastmans

Kohlendioxidemissionen aus dem Boden des Atlantischen Regenwaldes

Saisonaler halblattwändiger Wald

ScienciaScripts

Imprint

Any brand names and product names mentioned in this book are subject to trademark, brand or patent protection and are trademarks or registered trademarks of their respective holders. The use of brand names, product names, common names, trade names, product descriptions etc. even without a particular marking in this work is in no way to be construed to mean that such names may be regarded as unrestricted in respect of trademark and brand protection legislation and could thus be used by anyone.

Cover image: www.ingimage.com

This book is a translation from the original published under ISBN 978-620-2-04929-0.

Publisher:
Sciencia Scripts
is a trademark of
Dodo Books Indian Ocean Ltd. and OmniScriptum S.R.L publishing group

120 High Road, East Finchley, London, N2 9ED, United Kingdom
Str. Armeneasca 28/1, office 1, Chisinau MD-2012, Republic of Moldova, Europe
Printed at: see last page
ISBN: 978-620-7-24420-1

ZUSAMMENFASSUNG

1. EINFÜHRUNG

Die Emissionen von Treibhausgasen (CO_2, CH_4, N_2O und andere in der Atmosphäre vorhandene Gase) sind zu einem der wichtigsten Umweltprobleme unserer Zeit geworden (KUNTORO, 2009). Unter diesen Gasen ist Kohlendioxid (CO_2) für etwa 60 % der Verstärkung des Treibhauseffekts verantwortlich (FERNANDES, 2003), da die Konzentrationen dieses Gases in der Atmosphäre seit Beginn der industriellen Revolution von 280 ppm auf etwa 390 ppm gestiegen sind (DENMAN et al., 2007).

Eine der Hauptursachen für den Anstieg der CO_2-Konzentration in der Atmosphäre ist die Intensivierung anthropogener Aktivitäten, wie z. B. die Veränderung der Landnutzung und der Bodenbedeckung, d. h. die Verdrängung einheimischer Biome durch Abholzen und Verbrennen der entfernten Vegetation, wodurch die Verdrängung einheimischer Pflanzenarten und -gemeinschaften durch landwirtschaftliche Aktivitäten zu wirtschaftlichen Zwecken gefördert wird. Es wird geschätzt, dass diese Änderungen der Landnutzung, die vorzugsweise in Savannen und Wäldern stattfinden, weil die Boden- und Klimabedingungen dieser Biome ideal für eine ertragreiche landwirtschaftliche Produktion sind, für etwa 30 % der gesamten CO_2-Emissionen in die Atmosphäre verantwortlich sind (SABINE et al., 2004).

Die Kohlendioxidemissionen unter diesen Bedingungen werden sowohl durch das Abbrennen der einheimischen Vegetation als auch durch die konventionelle Landwirtschaft verursacht, die weniger effizient bei der Anreicherung von organischem und mikrobiellem Kohlenstoff im Boden ist als Flächen, die mit konservierender Landwirtschaft oder Wald bepflanzt sind (CARDOSO et al., 2010).

In den 1980er und 1990er Jahren wurden die durch die Entwaldung und den Abbau von Waldbiomasse verursachten Emissionen auf etwa 10^9 Tonnen Kohlenstoff pro Jahr geschätzt (WATSON et al., 2000). Wenn die vorhergesagten Klimaveränderungen eintreten, werden die Auswirkungen auf die Wälder tiefgreifend und lang anhaltend sein, von Region zu Region variieren und sowohl die Verteilung als auch die Zusammensetzung der Wälder beeinflussen (IPCC, 2001; FAO, 2001).

In diesem Zusammenhang sind neue Anforderungen an die Forschung zur Wiederaufforstung entstanden, insbesondere im Zusammenhang mit der Quantifizierung der Umweltleistungen, die die Aufforstung mit einheimischen Arten im Kohlenstoffaustausch erbringt, und der Diskussion über die Wirksamkeit dieser Strategie bei der Verringerung des CO_2-Gehalts in der Atmosphäre (FOSTER E MELLO, 2007).

Angesichts der Tatsache, dass auf tropische Ökosysteme (Boden und Vegetation) zwischen 20 und

25 % des weltweiten terrestrischen Kohlenstoffs entfallen, verbunden mit ihrem enormen Bestand an im Boden gespeichertem Kohlenstoff (SCHLESINGER, 1997) und ihrer Rolle in den biogeochemischen Prozessen, die zur Regulierung der globalen Erwärmung führen (FERNANDES, 2003), wurden Studien über die Dynamik dieses Elements im Boden sowie die Modellierung des Klimawandels hervorgehoben. In diesem Zusammenhang stellen Kutsch et al. (2010) einige Fragen im Zusammenhang mit der Fähigkeit von Ökosystemen, CO_2 zu binden, wie z. B:

1)   Wie viel CO_2 kann der Boden in jedem Ökosystem auf dem Globus binden? Und wie lange verbleibt dieser Kohlenstoff im Boden?

2)   Wird der Anstieg der Nettoprimärproduktion des Ökosystems aufgrund des Anstiegs der CO_2-Konzentration in der Atmosphäre, der mit anthropogenen Maßnahmen wie der Stickstoffdüngung einhergeht, die Produktion von Streu erhöhen und damit den Kohlenstoffbestand im Boden vergrößern?

Waldbiome sind effiziente Kohlenstoffspeicher, wobei Wälder etwa die Hälfte des gesamten von der Landvegetation gespeicherten Kohlenstoffs enthalten. Auf boreale Wälder entfallen 26 % der gesamten terrestrischen Kohlenstoffvorräte, während tropische und gemäßigte Wälder 20 % bzw. 7 % enthalten (DIXON et al., 1994).

Brasilien ist flächenmäßig das fünftgrößte Land der Erde und nimmt etwa 5,7 % der Landfläche der Erde und 47,3 % der Fläche Südamerikas ein. Es verfügt auch über ein beeindruckendes Naturerbe, das es an die Spitze der Liste der Länder mit großer Artenvielfalt stellt, d. h. der Länder mit der größten Anzahl an Pflanzen- und Tierarten (CAMPANILI E SCHAFFER, 2010).

Unter den wichtigsten brasilianischen Biomen nimmt der Atlantische Regenwald, der ursprünglich eine Fläche von 1 300 000 km^2 bedeckte und sich über 17 brasilianische Bundesstaaten erstreckte, heute nur noch 27 % seiner ursprünglichen Fläche ein. Er besteht aus einer Reihe von Waldformationen sowie damit verbundenen Ökosystemen: natürliches Grasland, Restingas und Mangroven, deren Überreste in Tausenden von Vegetationsfragmenten verteilt sind, die noch immer einen hohen Anteil an Fauna und Flora aufweisen und durch den Schutz von Wasserquellen, die Eindämmung von Hängen und die Regulierung des Klimas unschätzbare Umweltleistungen erbringen (CAMPANILI UND SCHAFFER, 2010).

Der sommergrüne saisonale Wald ist einer der am stärksten degradierten und zersplitterten atlantischen Waldformationen im Bundesstaat São Paulo, da er in Regionen Brasiliens liegt, die von der Landwirtschaft und Viehzucht abhängige wirtschaftliche Veränderungen erfahren haben. In diesem Wald dominieren Gattungen amazonischen Ursprungs, darunter: *Parapiptadenia, Peltophorum, Cariniana, Lecythis, Tabebuia* und *Astronium* (VELOSO et al., 1991). Die

3

Baumformationen, die die eutrophierten Basaltböden bedecken, sind selten zu finden, da die Böden für die landwirtschaftliche Produktion sehr wertvoll sind.

Die Entnahme von Holz aus den Formationen des sommergrünen Laubwaldes, insbesondere in der oberen Schicht, war vor allem im 20. Jahrhundert so umfangreich, dass es heute zweifelhaft ist, ob es noch Reste gibt, die nicht in der Vergangenheit starkem anthropischen Druck ausgesetzt waren (RODRIGUES, 1999).

Die Wiederherstellung des atlantischen Regenwaldes spielt daher eine wichtige Rolle als wichtiger CO_2-Regulator des Ökosystems, und zwar nicht nur in Bezug auf die biologische Vielfalt und andere damit zusammenhängende Eigenschaften, weshalb der Pakt zur Wiederherstellung des atlantischen Regenwaldes geschaffen wurde. Nach dem in diesem Pakt festgelegten Protokoll sollen bis zum Jahr 2050 in ganz Brasilien 15 Millionen Hektar bepflanzt und wiederhergestellt werden, verteilt auf Jahrespläne. Dieser Prozess wird eine regionale Veränderung der Landnutzung und -besetzung bewirken, die die CO_2-Bilanz regional und global verändern dürfte. Zu den Prioritäten des Protokolls gehört die Bewertung der Umwelt- oder Ökosystemleistungen, die der Gesellschaft von den verbleibenden und den wiederherzustellenden Flächen geboten werden, um ihre Bedeutung für die Lebensqualität und die Produktionsmittel zu stärken und die Möglichkeiten des Kohlenstoff- und Wassermarktes zu nutzen.

Damit diese Leistungen jedoch angemessen bewertet werden können, ist eine umfassende Untersuchung der biogeochemischen Kohlenstoffkreisläufe im Atlantischen Regenwald erforderlich, wobei die Bewertung und Charakterisierung der CO_2-Emissionen in Gebieten mit unterschiedlichen Bodentypen und Waldphysiognomien in diesem Biom vorrangig ist, da diese Emissionen ein wichtiger Indikator für die Umweltqualität des Bodens sein können und eine Orientierungshilfe für die Bepflanzungs- und Wiederherstellungspläne darstellen.

1.1 Zielsetzungen

Das Hauptziel dieser Studie war die Charakterisierung der CO_2-Emissionsraten des Bodens in zwei einheimischen Waldgebieten im morphoklimatischen Bereich des Atlantischen Waldes, die sich im Staatswald Edmundo Navarro de Andrade (FEENA) befinden und 1918 und 2014 gepflanzt wurden. Zu den sekundären Zielen gehören:

• Korrelieren Sie diese Emissionen mit den physikalisch-chemischen Parametern der Atmosphäre und des Bodens: Druck, Lufttemperatur, Luftfeuchtigkeit, Lufttemperatur, Luftfeuchtigkeit, Wärmewiderstandskoeffizient, Kohlenstoffgehalt des Bodens und C/N-Verhältnis;

• Erstellung eines robusten statistischen Modells aus den beobachteten Korrelationen, das in der Lage ist, die Emissionsraten für das untersuchte Gebiet vorherzusagen

4

- Bewertung der Funktionsweise des mit dem von Moreno (2012) entwickelten Infrarot-Gasmessgerät gekoppelten Durchflusskammer-Betriebssystems unter Feldbedingungen.

2. LITERATURÜBERBLICK

2.1 Biogeochemischer Kohlenstoffkreislauf

Kohlenstoff ist ein wesentliches Element für das Leben auf unserem Planeten, ein Bestandteil der organischen Moleküle und Gewebe lebender Organismen. Er wird von den Pflanzen durch Photosynthese aus der Atmosphäre aufgenommen, um Glukose ($C_6H_nO_6$), den Bestandteil der organischen Materie, zu bilden. Es wird durch die Atmung der Erzeuger-, Verbraucher- und Zersetzerorganismen in die Atmosphäre zurückgeführt (CALIJURI, 2013).

Eine der wichtigsten Formen seines Vorkommens ist die Verbindung mit Sauerstoff, wobei Kohlendioxidmoleküle entstehen, die in der Atmosphäre (dem größten Reservoir) vorhanden sind oder im Wasser von Meeren, Flüssen und Seen gelöst oder sogar in Form von organischem Material in den Boden eingebaut werden (DIAS, 2006).

Der Kohlenstoffkreislauf wurde in den letzten Jahren durch anthropogene Aktivitäten verändert, sei es durch die Verbrennung fossiler Brennstoffe, durch Veränderungen in der Landnutzung und - besiedlung durch Abholzung von Wäldern und Verbrennung von Biomasse oder durch vulkanische Aktivitäten. Es wird geschätzt, dass anthropogene Aktivitäten derzeit jedes Jahr sieben Milliarden Tonnen CO_2 in die Atmosphäre einbringen. Die Hälfte dieses Kohlenstoffs verbleibt in der Atmosphäre, der Rest wird in den Ozeanen gelöst oder durch photosynthetische Aktivität gebunden, in der Biomasse gespeichert oder der organischen Bodensubstanz hinzugefügt (SCHLESINGER, 1997; GRACE, 2001).

In der aquatischen Umwelt verbindet sich atmosphärisches CO_2 durch Diffusion mit Wasser und bildet Kohlensäure (H_2CO_3), die schnell in H-Ionen ($^+$), Bikarbonat (HCO_3^{-1}) und Karbonat (CO_3^{-2}) dissoziiert, und zwar gemäß der folgenden Reaktion:

$$CO_2 + H_2O \leftrightarrow H_2CO_3 \leftrightarrow H^+ + HCO_3^{-1} \leftrightarrow 2H^+ + CO_3^{-2} \quad (1)$$

Diese Reaktion ist reversibel und verläuft immer in Richtung der Komponente mit der höchsten Konzentration zu der mit der niedrigsten Konzentration, sowohl im Wasser als auch in der Luft, d.h. die Reaktion zeigt, dass bei einem Anstieg der CO_2-Konzentration in der Atmosphäre die Ozeane mehr CO_2 aufnehmen, das im Wasser in Form von Bikarbonat oder Karbonat gelöst bleibt (CALIJURI, 2013).

Wenn Kalziumionen im Wasser vorhanden sind, können sie auch mit Karbonat- und Bikarbonationen reagieren, um Kalziumkarbonat zu bilden, das aufgrund seiner geringen Löslichkeit ausfällt und sich in den Sedimenten anreichert, entsprechend der unten beschriebenen

Reaktion:

$$Ca^{+2} + CO_3^{-2} \rightarrow CaCO_3 \ (2)$$

Unter sauren pH-Bedingungen wird dem System durch die Bildung von Kohlensäure Kohlenstoff entzogen. Dieser Entzug verringert die Menge an CaCO3, was wiederum die Auflösungsrate von Kalkstein erhöht. Wenn diese leicht sauren, kalziumhaltigen Wässer auf die Wässer mit höherem pH-Wert des Ozeans treffen, kann CaCO3 wieder ausfallen und sich im Sediment ansammeln (CALIJURI, 2013).

In der Meeresumwelt bleibt das Kohlenstoffsystem unter neutralen Bedingungen im Gleichgewicht, wie die folgende Reaktion zeigt:

Die Aktivität der Organismen kann diese Reaktion beeinflussen. Der Entzug von CO2 durch die Photosynthese verschiebt das Gleichgewicht nach links und begünstigt die Bildung und Ausfällung von Calciumcarbonat (CALIJURI, 2013).

In kontinentalen Gebieten stellen die Böden mit etwa 40×10^{18} g Kohlenstoff den größten Kohlenstoffspeicher dar, während die Vegetationsdecke einen geschätzten Kohlenstoffvorrat von 56×10^{16} g aufweist (SCHLESINGER, 1997; GRACE, 2001). Tropische Waldböden fungieren als Quelle und Senke für verschiedene Gase, einschließlich CO2, und spielen eine wichtige Rolle bei den physikalisch-chemischen Prozessen in der Atmosphäre (KELLER et al., 1986).

Durch die Photosynthese werden schätzungsweise jedes Jahr etwa 60×10^1 5 g Kohlenstoff in Pflanzengeweben gebunden, der fast vollständig durch die Atmung lebender Gewebe und des Bodens in die Atmosphäre zurückkehrt (SCHLESINGER, 1997). Die natürlichen und zyklischen Prozesse, die als Kohlenstoffkreislauf bekannt sind, bestehen aus Photosynthese, Atmung und Auflösung (Abbildung 1).

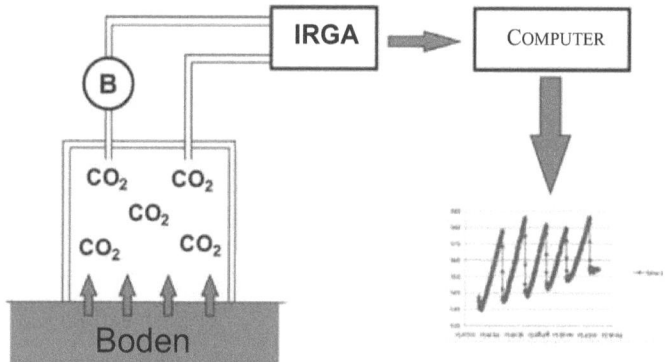

2.2 Kohlenstoffvorräte und -fixierung in tropischen Böden

Die dynamischen Humus- oder Kohlenstoffmengen im Boden werden durch eine Reihe von Boden- und Klimafaktoren sowie durch die Bewirtschaftung des Systems Boden-Pflanze bestimmt, die die Geschwindigkeit der Ablagerung, der Inkorporation und der Zersetzung von Kohlenstoff im Boden steuern (SIQUEIRA E FRANCO, 1988). In einem Boden, der sich im Gleichgewicht mit der Vegetation befindet, ist der Kohlenstoffgehalt (C) durch die folgende Formel gegeben:

$C = A/K$, wobei $A = b. M$ (4)

Dabei steht C für den Gehalt (%) oder die Menge (t.ha^{-1}) an Kohlenstoff im Boden, der, wenn er mit dem Wert 1,724 multipliziert wird, der organischen Substanz (OM) des Bodens entspricht; A ist die jährliche Zufuhr von Kohlenstoff in den Boden (t.ha^{-1}); K ist die jährliche Abbaurate des organischen Kohlenstoffs im Boden; b ist die Menge (t.ha^{-1}) an OM-frischer organischer Substanz (abgestorbene Äste, Blätter und Wurzeln) und m ist die Umwandlungsrate.

Bei der Wiederherstellung von Gebieten mit einheimischen Wäldern werden dem Boden Pflanzenreste zugeführt, was zu einer Anreicherung von Kohlenstoff führt. Langfristige Experimente haben gezeigt, dass es eine positive lineare Beziehung zwischen dem Eintrag von Pflanzenrückständen (BAYER, 1996; LOVATO et al., 2004) oder anderen Kohlenstoffquellen (NICOLOSO, 2009) und dem Anstieg der Kohlenstoffkonzentration in den obersten Zentimetern des Bodens in landwirtschaftlichen Gebieten gibt, was zeigt, dass kultivierte tropische und subtropische Böden effiziente Kohlenstoffspeicher sind (Abbildung 2).

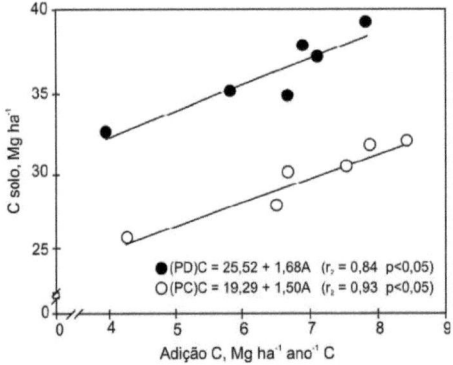

Abbildung 2 - Verhältnis zwischen dem Kohlenstoffeintrag durch landwirtschaftliche Systeme in Argissolo, die einer Direktbepflanzung (PD) und einer konventionellen Bepflanzung (PC) unterworfen sind QUELLE: Bayer et al.

Die organische Substanz hat eine hohe Kationenaustauschkapazität (CEC), die zwischen 300 und

8

1400 meq.100g^{-1} variiert, und übt eine deckende Wirkung auf den Boden aus, die mit der Fähigkeit des Bodens zusammenhängt, seinen pH-Wert unverändert zu halten, wenn er mit Säure (Dünger) oder Base (Kalkung) behandelt wird. Er wirkt als Speicher für Kationen (Ca^{+2}, Mg^{+2}, K^+ und Mikronährstoffe) und Anionen ($PO_4^-{}^3$ und SO_4^{-2}) und begünstigt physikalische Bedingungen wie Aggregation und Aggregatstabilität, Belüftung, Wasserrückhaltevermögen und Bodendurchlässigkeit, wodurch die Erosionsanfälligkeit verringert wird (SIQUEIRA E FRANCO, 1998).

In vielen konzeptionellen Modellen wird die organische Substanz nach ihrer Stabilität und Geschwindigkeit der Zersetzung durch Bodenmikroorganismen unterschieden, was zur Emission von CO_2 und zu einer Veränderung der chemischen Zusammensetzung des Bodens führt. Die biologische Aktivität wandelt die Laubstreu oder das Stroh in stabilen Humus um und verbessert die Belüftung und die physikalischen Aspekte des Bodens, indem die organische Substanz in tiefere Schichten eingearbeitet wird (KUTSCH et al., 2010).

Auf diese Weise beeinflusst die hinzugefügte organische Substanz durch ihre Zersetzung nicht nur direkt die Bodenatmung, sondern schafft auch ideale Bedingungen für Bodenmikroorganismen und Pflanzen, verbessert die physikalischen Bedingungen des Bodens, bestimmt seine Eigenschaften und damit auch andere Umweltvariablen, die mit dem CO_2-Ausstoß des Bodens korrelieren.

Die Sättigung des Bodenkohlenstoffs wurde in verschiedenen Bodentypen, mit unterschiedlichen Texturen und unter verschiedenen klimatischen Bedingungen festgestellt (STEWART, 2009). Der Prozess findet hauptsächlich in den Oberflächenschichten statt, was auf die Akkumulation durch Blätter, Zweige und Oberflächenwurzeln zurückzuführen ist (NICOLOSO, 2009), und wird durch ein asymptotisches Modell (Abbildung 3) für die Beziehung zwischen Kohlenstoffbestand und Kohlenstoffzufuhr dargestellt, und nicht durch ein lineares Modell (SIX et al., 2002).

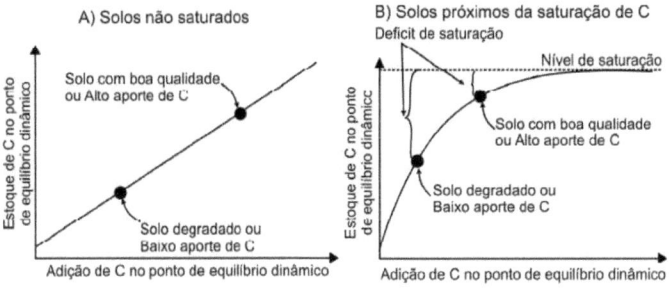

ABBILDUNG 3: THEORETISCHES MODELL ZUR DARSTELLUNG DER REAKTIONEN VON BÖDEN MIT UNTERSCHIEDLICHEM GRAD AN DEGRADATION. QUELLE: BAYER ET AL. (2011).

Kinetische Modelle, die davon ausgehen, dass die Anreicherung organischer Stoffe im Boden linear

9

verläuft, können die Fähigkeit des Bodens, sie zu speichern, überschätzen und den Sättigungsprozess außer Acht lassen (Abbildung 3) (NICOLOSO, 2009). Die Sättigung erfolgt im Rahmen von Kohlenstoffschutzmechanismen (CHUNG et al., 2008). Das lineare Modell ist effizient für die Darstellung der Kohlenstoffzufuhr in degradierten Böden. In gesättigten Böden stellt das asymptotische Modell die Akkumulation organischer Substanz angemessen dar.

Degradierte Böden mit niedrigem Kohlenstoffgehalt haben die größte Kapazität und Effizienz für die Speicherung von Kohlenstoff (Abbildung 3), da sie weit von ihrem Sättigungsniveau entfernt sind. Kohlenstoff-13-Tests haben gezeigt, dass die Kapazität zur Stabilisierung des zugeführten Kohlenstoffs umso größer ist, je größer das Defizit ist, und dass die Stabilisierungseffizienz mit der Zunahme des Kohlenstoffs im Boden abnimmt (STEWART et al., 2008).

Es zeigt sich, dass die Kohlenstoffzufuhr in tropischen Wäldern und kultivierten Böden, in denen die Phytomasseproduktion größer ist als in gemäßigten Wäldern und tropischen Savannen, die klimatische oder ernährungsbedingte Einschränkungen aufweisen, am höchsten ist. Die Abbaugeschwindigkeit (K) wird in hohem Maße von Umweltfaktoren wie Temperatur, Feuchtigkeit und Belüftung beeinflusst. Sie variiert erheblich zwischen den Ökosystemen und ist in kultivierten Böden oder unter tropischen Wäldern höher (SIQUEIRA E FRANCO, 1988).

Die wichtigsten physikalischen Veränderungen, die in den Böden von Anbauflächen im Vergleich zu den Böden natürlicher Wälder auftreten, sind eine Abnahme der Makroporosität, der Gesamtporosität und der gesättigten hydraulischen Leitfähigkeit sowie eine Zunahme der Bodendichte (ZALAMENA, 2008). Eine hohe Bodendichte schränkt die für Mikroorganismen verfügbare Sauerstoffmenge ein. Im Gegensatz dazu begünstigt eine hohe Porosität die Sauerstoffanreicherung des Bodens, fördert die mikrobielle Aktivität und erhöht folglich die Emissionen (FANG et al., 1998).

Die Fähigkeit, den Kohlenstoff im Boden zu schützen und zu stabilisieren, hängt neben den angewandten Bewirtschaftungspraktiken auch von den Eigenschaften des Bodens ab. Lehmböden sind bei der Stabilisierung und Konservierung von Kohlenstoff im Boden effizienter als Sandböden (GREGORICH et al., 1995; BOLINDER et al., 1999). Auch eine positive Stickstoffbilanz ist für tropische und subtropische Böden wichtig, damit sie organische Stoffe effizient anreichern können (URQUIAGA et al., 2010).

Der Kohlenstoffbestand hängt von der Art der Vegetation auf dem Gelände ab, von der Qualität und Quantität des Pflanzenmaterials, das jede Art produziert und auf dem Boden ablagert, sowie vom Klima, das die Geschwindigkeit der Zersetzung und damit die CO_2-Emissionen aus dem Oberboden in die Atmosphäre bestimmt. Tropische und subtropische Arten sind effiziente Produzenten von Biomasse.

10

Grasarten wie Brachiaria haben eine enorme Kapazität für die Kohlenstoffproduktion: Sie produzieren über 26 t ha^{-1} an Trockenmasse, vergleichsweise mehr als andere Pflanzen. Hirse zum Beispiel produziert 8 t ha^{-1} Trockenmasse (KLUTHCOUSKI UND AIDAR, 2003; KLUTHCOUSKI UND STONE, 2003). Ein einheimischer Laubwald im Bundesstaat Sao Paulo produziert 12,2 Tonnen Trockenmasse pro Hektar und Jahr, einschließlich Blätter und Zweige (HORA et al., 2008).

In jahreszeitlich bedingten Laubwäldern liegt der Anteil der Laubbäume, d. h. der Bäume, die im Winter alle Blätter verlieren und organische Stoffe im Boden ablagern, zwischen 20 und 50 % der Gesamtzahl der Individuen (VELOSO et al., 1991). In der Region Limeira - SP, in einem aufgeforsteten Gebiet, war die Produktion von Laubstreu im Winter höher (697 kg/ha) als im Sommer (407 kg/ha), was eine starke jahreszeitliche Schwankung zeigt, die ein starker Hinweis auf den Wachstumsgrad und das ökologische Gleichgewicht des neuen Waldes ist (MOREIRA E SILVA, 2004). Die CO_2-Emissionen dürften daher einer der Indikatoren für die Umweltqualität von Waldsystemen sein.

Pflanzenwurzeln sind bei der Akkumulation von Kohlenstoff im Boden effizienter als Blätter, Zweige und andere oberirdische Komponenten. Dies erklärt, warum Grasarten bei der Akkumulation von Kohlenstoff im Boden oft genauso effizient sind wie Wälder. In einer vergleichenden Studie setzten die Wurzeln 21 % ihrer Biomasseproduktion um, während der oberirdische Teil nur 12 % umsetzte (BOLINDER et al., 1999).

Wurzeln tragen während ihres Wachstums und nach ihrer Seneszenz zur Bildung und Stabilisierung von Bodenaggregaten bei und erhöhen die Kohlenstoffakkumulationsraten durch den physischen Schutz organischer Materie (DENEF UND SIX, 2006), und die Art des Pflanzenwurzelsystems beeinflusst die Bildung und Stabilisierung von Makroaggregaten (GALE et al., 2000).

Böden mit tonhaltigen Oberflächenhorizonten sind im Vergleich zu sandigen Böden effizienter bei der Stabilisierung und Konservierung von Kohlenstoff im Boden (GREGORICH et al., 1995; BOLINDER et al., So wies ein Latossolo Bruno (mit 620 g kg Ton^{-1}), der sowohl bei konventioneller als auch bei Direktsaat bewertet wurde, eine Abbaugeschwindigkeit von 1,4 % bzw. 1,2 % für jede Anbauform auf (BAYER et al., 2006). Locker strukturierte Argisole hatten eine Zersetzungsrate von 3,14 % bei konventioneller Bodenbearbeitung und 1,82 bei Direktsaat (LOVATO et al., 2004).

Die organische Substanz in tropischen Tonböden ist aufgrund der hohen chemischen Stabilität der organomineralischen Reaktion in der Regel mit Eisenoxiden verbunden, während Böden mit hohen Tongehalten geringe Abbaugeschwindigkeiten aufweisen, selbst nachdem die Oberflächenschichten gestört wurden (OADES et al., 1989).

Die Mikroskopie hat gezeigt, dass Kohlenstoff, wenn er an der kolloidalen Fraktion des Tons haftet, vor der Zersetzung durch Mikroorganismen geschützt ist (RAZAFIMBELO et al., 2008). Folglich hängt die Stabilisierung der organischen Substanz im Boden von seiner Textur und Mineralogie ab, so dass Schluff- und Tongehalt zuverlässige Parameter zur Bestimmung der Stabilisierungskapazität der organischen Substanz im Boden sind (HASSINK et al., 1997).

Die Bodenqualität kann in dynamisch und inhärent unterteilt werden. Attribute wie Textur und Mineralogie sind dem Boden angeboren und werden durch die Dauer der Exposition gegenüber dem Klima, dem Ausgangsmaterial und dem Relief bestimmt. Diese Faktoren bestimmen die Qualität des Bodens. Anthropogene Aktivitäten verändern die physikalischen, chemischen und biologischen Eigenschaften des Bodens und bestimmen seine dynamische Qualität (PEIXOTO, 2008). Es ist nicht einfach, eine Reihe von Eigenschaften auszuwählen, die alle Bedingungen für eine angemessene Bewertung des Bodens erfüllen (LI und LINDSTROM, 2001).

2.3 CO2-Emissionen aus dem Boden

Der CO2-Ausstoß aus dem Boden wurde in den 1920er Jahren von dem schwedischen Forscher Henrik Lundegardh als "Bodenatmung" bezeichnet, der die ersten Messungen mit einer "statischen geschlossenen Kammer" durchführte (KUTSCH et al., 2010). Die Bodenatmung entspricht dem CO2, das durch die Atmung von Wurzeln, Bodenmikroorganismen und die aerobe Zersetzung von M.O. entsteht, ein Prozess, der je nach Vegetation und Bodentyp variiert (DAVIDSON et al., 2002), 2002), das Ergebnis physikalischer, chemischer und biologischer Prozesse, die von Bodenfeuchtigkeit und -temperatur (EPRON et al., 2006; OHASHI AND GYOKUSEN, 2007), Lufttemperatur, Luftfeuchtigkeit und photosynthetisch aktiver Strahlung (LLOYD AND TAYLOR, 1994; DAVIDSON et al., 1998) beeinflusst werden. Andere Faktoren, die die Bodenatmung beeinflussen, sind: bakterielle Aktivität (LLOYD UND TAYLOR, 1994), Phosphorgehalt (DUAH-YENTUMI et al., 1998), C/N-Verhältnis (ALLAIRE et al., 2012) und pH-Wert (FUENTES et al., 2006).

Der durch die Wurzelatmung erzeugte Kohlenstoff wird als "autotropher" Kohlenstoff bezeichnet, während der durch die Zersetzung von Streu erzeugte Kohlenstoff als "heterotropher" Kohlenstoff bezeichnet wird (KUTSCH et al., 2010). Die "autotrophe" Atmung kann in die Wurzelatmung, die Atmung durch symbiotische Mykorrhizen und die Mikrobiota der Rhizosphäre unterteilt werden (KUTSCH et al., 2010). Es wird geschätzt, dass diese "autotrophe" Atmung für 40-70 % des gesamten CO2-Ausstoßes aus dem Boden in die Atmosphäre verantwortlich ist (HANSON et al., 2000; BOND-LAMBERTY et al., 2004; SUBKE et al., 2006).

Physikalische Mechanismen beeinflussen ebenfalls den Ausfluss von Kohlenstoff aus dem Boden.

12

Rommel (1922) stellte fest, dass die Diffusion aufgrund des CO_2-Gefälles die treibende Kraft ist, die die Luftmasse aus den Bodenschichten in die Atmosphäre befördert. Albertensen (1977) zählte weitere Faktoren und physikalische Aspekte auf, die den CO_2-Ausstoß durch den Boden beeinflussen, wie z. B. die Temperatur, die zu Unterschieden in der Dichte und Diffusionsfähigkeit zwischen Boden und atmosphärischer Luft führt, Veränderungen des Luftdrucks, die Verdrängung von Luft im Boden durch Perkolation von Wasser (Regen, Bewässerung), Veränderungen der Höhe des Grundwasserspiegels, die Auflösung und der Transport von Gasen aus flüssigen Abwässern und Druckveränderungen durch die Windgeschwindigkeit (KUTSCH et al., 2010).

Informationen über den Einfluss von Feuchtigkeit und Temperatur auf die Aktivität der Bodenbiota sowie den pH-Wert und die Nährstoffverfügbarkeit sind seit Mitte des 19. Jahrhunderts bekannt (KUTSCH et al., 2010). Sotta (1998) nannte fünf Faktoren, die die Geschwindigkeit, mit der CO_2 aus dem Boden in die Atmosphäre abgegeben wird, steuern können: seine Produktionsrate im Boden, Temperaturgradienten, die Konzentration an der Grenzfläche zwischen Boden und Atmosphäre, die physikalischen und chemischen Eigenschaften des Bodens und Schwankungen des atmosphärischen Drucks.

Empirische Beziehungen zwischen CO_2-Flüssen und Umweltvariablen zeigen, dass die Kohlenstoffemission exponentiell mit der Temperatur ansteigt, wenn keine begrenzenden Faktoren wie Bodenfeuchtigkeit, Schluff/Sand/Ton-Verhältnis, Dichte und andere physikalische Eigenschaften des Bodens vorhanden sind (RAICH & SCHLESINGER, 1992). Unter hohen Temperaturen wird die Bodenatmung reduziert, indem die mikrobielle Aktivität eingeschränkt wird, und die Temperatur beeinflusst auch die Geschwindigkeit der enzymatischen Reaktionen der Bodenmikrobiota (KANG et al., 2003).

Unter den physikalischen Faktoren, die die Emissionen beeinflussen, ist die Diffusion der wichtigste (VAL BAVEL, 1951, 1952). Einige Studien haben den Einfluss der Windgeschwindigkeit auf die Emissionen gezeigt, aber es fehlt an Tiefe und Systematisierung zu diesem Thema (KUTSCH et al., 2010). Der CO_2-Austausch im System Boden-Vegetation-Atmosphäre ist also direkt und indirekt mit meteorologischen Ereignissen verbunden, was darauf schließen lässt, dass meteorologische Daten allein einen erheblichen Teil der zeitlichen Variabilität der CO_2-Emissionen aus Böden erklären könnten (LA SCALA et al., 2003).

In den letzten Jahren wurde eine Reihe von Studien und Erhebungen durchgeführt, um den CO_2-Ausstoß durch den Boden in den verschiedensten Biomen der Erde zu charakterisieren und die Prozesse zu verstehen, die die globale Kohlenstoffbilanz und damit die globale Erwärmung beeinflussen.

Messungen der CO_2-Emissionen in der Provinz Shannxi, China, in einem 1353 m hoch gelegenen Gebiet mit einer jährlichen Niederschlagsmenge von 504 mm und einer Durchschnittstemperatur von 10,1 °C ergaben durchschnittliche Jahreswerte von 3,23 µmol CO_2 m s^{-2-1} , für einen von Liaodong-Eichen (*Quercus liaotungensis*) dominierten Wald, 2.29 µmol CO_2 m s^{-2-1} für einen orientalischen Platanenwald (*P. orientalis*), 2,35 µmol CO_2 m s^{-2-1} in einer *Akazien-Bastard-Plantage* (*Rpseudoacacia*) und 2,03 µmol CO_2 m s^{-2-1} für eine abgeholzte Fläche (SHI et al., 2014).

Bei gemäßigten Klimabedingungen schwankten die Emissionswerte in einem Gebiet in der Slowakei im Laufe der Jahreszeiten und reichten von 0,92 im Winter bis 15,20 µmol CO_2 m s^{-2-1} im Sommer für Waldflächen und von 0,96 bis 12,92 µmol CO_2 m s^{-2-1} in mit Gras bewachsenen Flächen (PRIWITZER, 2013). Andere gemäßigte Waldökosysteme haben ebenfalls niedrigere Emissionswerte im Winter als im Sommer gezeigt, 0,64 µmol CO_2 m s^{-2-1} im österreichischen Winter (SCHINDLBACHER et al., 2007) und 0,67µmol CO_2 m s^{-2-1} in der kalten Jahreszeit im Bundesstaat Washington, USA (MCDOWELL et al., 2000).

In einem gemäßigten Klima in Kroatien wurde in einer Studie über die Korrelationen zwischen meteorologischen Variablen und CO_2-Emissionen eine positive Korrelation mit der Bodentemperatur (r^2 =0,42) und der Lufttemperatur (r^2 =0,45) sowie eine starke negative Korrelation mit der Luftfeuchtigkeit (r^2 =-0,55) festgestellt (BILANDZIJA et al., 2014).

In Brasilien wurden in Urwäldern des Amazonas-Bioms durchschnittliche Emissionswerte von 6,4 µmol CO_2 m s^{-2-1} in der Stadt Manaus - AM, (SOTTA et al., 2004) und 6,1 µmol CO_2 m s^{-2-1} in der Gemeinde Paragominas - PA, (TRUMBORE et al., 2006) ermittelt. Einige Autoren haben niedrigere Werte für die nördliche Region des Landes ermittelt, nämlich 3,2 µmol CO_2 m s^{-2-1} in Manaus (CHAMBERS et al., 2004) und 4,25 µmol CO_2 m s^{-2-1} in Juruena, Bundesstaat Mato Grosso (NUNES, 2003).

Im Amazonas-Regenwald wurden signifikante Beziehungen ($p<0,05$) zwischen den CO_2-Emissionen und der Bodenfeuchtigkeit festgestellt, in Sinop-MT während der Trockenzeit (R^2 =0,76) und der Regenzeit (R^2 =0,78). In Caxiuana wurde ebenfalls eine signifikante Beziehung zwischen den Variablen während der Trockenzeit (R^2 =0,82) und der Regenzeit (R^2 =0,82) festgestellt. Dasselbe geschah in Manaus-PA mit signifikanten Werten für die Trockenzeit (R^2 =0,68) und die Regenzeit (R^2 =0,60) (DIAS, 2006).

Der Zusammenhang zwischen Bodenfeuchtigkeit und CO_2-Emissionen aus dem Boden wurde bereits von verschiedenen Autoren aufgezeigt. Nach Dias (2006) ist der Kohlenstofffluss in die Atmosphäre während der Regenzeit im Allgemeinen größer als während der Trockenzeit, wobei die Bodenfeuchtigkeit und die Temperatur die Hauptfaktoren sind, die die Produktion dieses Gases durch den Boden beeinflussen.

In tropischen Wäldern haben mehrere Autoren eine signifikante positive lineare Korrelation zwischen der Bodenatmung und der Bodentemperatur festgestellt (EPRON et al., 2006; DIAS, 2006). In einem Zuckerrohranbaugebiet im Landesinneren von São Paulo hingegen zeigten die Emissionen keine signifikante Korrelation mit der Bodentemperatur (BICALHO et al., 2014), was durch die geringe Variabilität der Variable während des Erfassungszeitraums erklärt werden kann (DIAS, 2006).

Im Bundesstaat Sao Paulo gibt es leider keine Studien über den Atlantischen Wald, die vorhandenen Aufzeichnungen wurden in Zuckerrohranbaugebieten gewonnen, und die gemessenen Durchschnittswerte sind: 1,5 µmol CO_2 m s^{-2-1} nach der mechanisierten Ernte (BISCALHO et al., 2014). Brito et al. (2010) weisen darauf hin, dass die CO_2-Emissionen beim Zuckerrohranbau je nach Topografie und Art der Bewirtschaftung variieren können, wie dies bereits von Panosso et al. (2009) beobachtet wurde, die Emissionen von 2,16 µmol CO_2 m s^{-2-1} in Gebieten mit mechanisierter Ernte und 5,29 µmol CO_2 m s^{-2-1} für Gebiete mit manueller Ernte, der eine Verbrennung des Zuckerrohrs vorausging, gemessen haben.

In einem mit Zuckerrohr bepflanzten Gebiet fand er im Juli in der Stadt Guariba im Landesinneren von Sao Paulo Tagesmittelwerte zwischen 1,26 und 1,77 µmol CO_2 m s^{-2-1}. Die Variationskoeffizienten reichten von 40 % bis 90 %. Und eine signifikante positive lineare Korrelation ($p<0,05$) mit der Makroporosität ($r^2 =0,21$) und negativ mit der Mikroporosität ($r^2 =-0,18$) und der Bodendichte ($r^2 =-0,32$) (BICALHO et al., 2014).

Mehrere Autoren haben signifikante lineare Korrelationen zwischen CO_2-Emissionen und Bodeneigenschaften wie Makroporosität, Mikroporosität und Dichte festgestellt (EPRON et al., 2006; PANOSSO et al., 2011; TEIXEIRA et al., 2013; BICALHO et al., 2014), was auf die Bedeutung dieser Eigenschaften als Regulatoren der mikrobiellen Aktivität und folglich der CO_2-Emissionen des Bodens hinweist.

Die thermischen Eigenschaften von Böden wurden ebenfalls mit den Emissionen korreliert. Bei einer Überwachung der CO_2-Emissionen auf einer Weide im US-Bundesstaat Missouri wurde eine signifikante Korrelation ($r^2 =0,62$, $p<0,0001$) zwischen der Bodenatmung und der Wärmeleitfähigkeit festgestellt (NKONGOLO et al., 2010).

3. CHARAKTERISIERUNG DES UNTERSUCHUNGSGEBIETS

Schätzungen zufolge waren ursprünglich 81,8 % der Fläche des Bundesstaates São Paulo mit Wald bedeckt (20.450.000 ha). Studien über die Entwicklung der Waldbedeckung zeigen, dass 1990 nur noch 1.731.472 ha, d.h. 4,16 % des Staatsgebiets, bewaldet waren. Davon befinden sich 45,77 % (792.448,57 ha) in Schutzgebieten (UCs), für die das Umweltministerium zuständig ist (SÂO PAULO, 1998).

Das Untersuchungsgebiet, der Staatsforst Edmundo Navarro de Andrade, liegt in der Gemeinde Rio Claro und ist ein nachhaltig genutztes CU, das durch den Staatserlass 46.819 in Übereinstimmung mit dem Gesetz 9.985/00 geschaffen wurde, mit dem das nationale CU-System eingeführt wurde. Die Gemeinde liegt 173 km nordwestlich der Hauptstadt des Bundesstaates São Paulo, hat zwei Bezirke, Assistência und Ajapi (Abbildung 4), eine Gesamtfläche von 499,9 km^2 und ist Teil des städtischen Ballungsraums Piracicaba und des Corumbatai-Flussgebiets, das über das Anhanguera/Bandeirantes-System und die Washington-Luiz-Autobahn (SP 310) erreicht werden kann.

Der am östlichen Rand des Stadtgebiets von Rio Claro gelegene Wald wurde 1909 angelegt und umfasst eine Fläche von 2 230,5 Hektar. Er weist die größte Vielfalt an Eukalyptusarten auf, die in Brasilien auf einer einzigen Fläche konzentriert sind, und ist damit ein Maßstab für forstwirtschaftlichen Anbau, Forschung und Produktion und international als "Wiege des Eukalyptus" bekannt (IF, 2005).

Sie gehörte ursprünglich der CPEF-Companhia. Paulista de Estradas de Ferro, und wurde in den 1970er Jahren, als die Eisenbahn verstaatlicht wurde, an die FEPASA-Ferrovia Paulista S.A. übertragen. Seit 1998 wird sie von der SMASP-Secretaria de Meio Ambiente do Estado de São Paulo verwaltet, wobei die FF-Fundaçao Florestal für die Verwaltung der Anlage zuständig ist (IF, 2005).

Schätzungen zufolge gibt es in der FEENA noch mehr als sechzig Eukalyptusarten sowie spontane und induzierte Hybridarten. Das gesamte Gebiet stellt eine wichtige genetische Bank dar, die im Falle der Einschleppung eines neuen, der brasilianischen Forstwirtschaft unbekannten Schädlings oder einer Krankheit von strategischem Wert ist. Edmundo Navarro de Andrade, der Begründer der FEENA, wurde von Nationalisten heftig kritisiert, die nicht damit einverstanden waren, dass die Einführung von Eukalyptus zu einer besseren Holzqualität und einem schnelleren Wachstum als bei einheimischen Arten führen würde (IF, 2005).

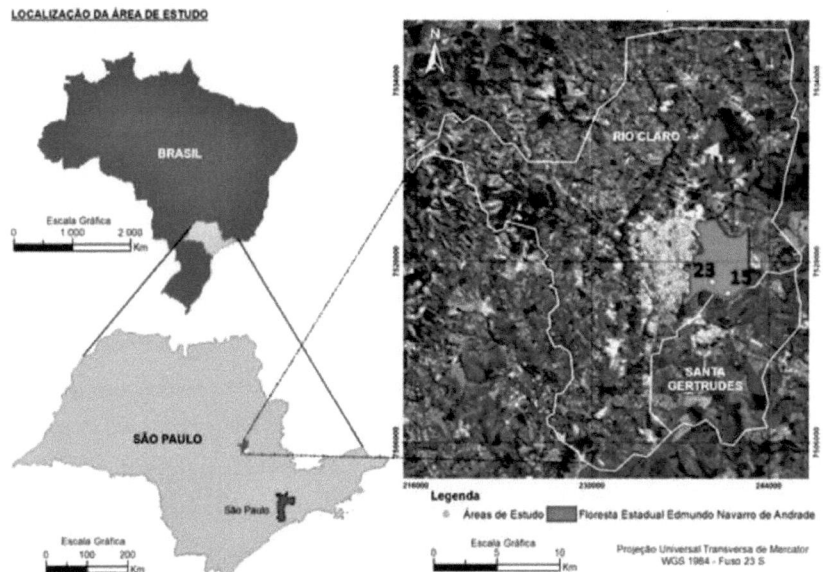

ABBILDUNG 4 - STANDORT DER FEENA UND DER PARZELLEN (15 UND 23), AUF DENEN DIE ERHEBUNGEN ÜBER DIE CO2-Emissionen DURCHGEFÜHRT WURDEN.

Um die Erhaltung der genetischen Basis der Eukalyptusbäume, der einheimischen Vegetation und der öffentlichen Nutzung miteinander in Einklang zu bringen, wurde die UC räumlich in Zonen und Waldstücke unterteilt, je nach den verschiedenen Nutzungsarten und dem erforderlichen Schutzgrad (IF, 2005). Durch den Abgleich der grundlegenden Erhebungen mit den Daten aus der Feldarbeit und anderen verfügbaren Informationen wurden die Waldgebiete der FEENA in folgende Zonen eingeteilt: Historisch-kulturell, Erholung, Waldbewirtschaftung, Konflikt, öffentliche Nutzung, besondere Nutzung, Erhaltung. Für jede dieser Zonen gelten andere Nutzungsregeln, die die verschiedenen Funktionen der FEENA-Flächen bestimmen, seien sie nun sozialer, administrativer, ökologischer, verwaltungstechnischer oder schützender Natur.

Die historisch-kulturelle Zone enthält historische, wissenschaftliche, kulturelle und archäologische Zeugnisse, die für die Öffentlichkeit erhalten und interpretiert werden müssen. Ihr Ziel ist der Schutz historischer und archäologischer Stätten im Einklang mit der Umwelt, die Förderung der wissenschaftlichen Forschung, der Umwelterziehung und der Interpretation. Zu dieser Zone gehören auch die alten Niederwälder, die den Beginn der Anpflanzungen markieren (IF, 2005).

Das größte Gebiet der Einheit ist die Waldbewirtschaftungszone, die einheimische oder angepflanzte Wälder mit wirtschaftlichem Potenzial für eine vielfältige und nachhaltige Ressourcenbewirtschaftung umfasst. Ziel ist die Entwicklung von Technologien und Modellen für

17

die Waldbewirtschaftung sowie die Durchführung von Forschungs-, Umweltbildungs- und Informationsmaßnahmen. Die Zone für die öffentliche Nutzung dient der intensiven Erholung, Freizeitgestaltung und Umwelterziehung im Einklang mit der Umwelt (IF, 2005).

Degradierte Gebiete werden als Erholungszonen bezeichnet, die nach ihrer Wiederherstellung wieder in eine der anderen ständigen Zonen eingegliedert werden. Ihr Ziel ist es, die Verschlechterung der Ressourcen zu stoppen, und sie können auch Forschungs-, Umweltbildungs- und Interpretationsaktivitäten umfassen (IF, 2005). In der Sondernutzungszone befinden sich die für die Verwaltung erforderlichen Bereiche, wie das Hauptquartier, die Unterkünfte für das Personal in den Kolonien und der Zwinger der Militärpolizei (IF, 2005).

Gebiete, die von öffentlichen Versorgungseinrichtungen genutzt werden, werden als Nutzungszonen bezeichnet, in denen sich Gas- und Ölleitungen, Übertragungsleitungen, Antennen, Wasserfassungen, Dämme, Straßen, optische Kabel und andere befinden (IF, 2005).

Die in dieser Studie untersuchten Flächen, die Parzellen 23 und 15 (Abbildung 4), befinden sich in der kulturhistorischen Zone bzw. in der Forstwirtschaftszone. Die Parzelle 23 gehört zu Recht zur kulturhistorischen Zone, da sie ein historisches, wissenschaftliches und kulturelles Beispiel für eine der ersten mit einheimischen Arten bepflanzten Parzellen in Brasilien darstellt. Talhao 15 liegt in der Waldbewirtschaftungszone, und seine derzeitige Nutzung, Erholung und Erhaltung der Umwelt steht im Einklang mit dem Plan, der die kommerzielle Nutzung und die vielfältige und nachhaltige Nutzung der Waldressourcen vorsieht.

3.1 Charakterisierung der physischen Umgebung der FEENA

FEENA gehört zum Einzugsgebiet des Corumbatai, dessen Hauptzuflüsse die Flüsse Passa Cinco, Cabeça und Ribeirao Claro sind. Das Quellgebiet befindet sich an den Steilhängen des Basaltkamms der Serra dos Padres, dessen Wasser in den Fluss Piracicaba fließt. Die Oberflächengewässer der UC bestehen aus kleinen Bächen, wie dem Ibitinga und dem Santo Antônio, und der Hauptfluss, der Ribeirao Claro, dient der Wassergewinnung für die Gemeinde (IF, 2005).

Das Gebiet, in dem sich das Becken von Ribeirao Claro befindet, ist durch das Vorhandensein von tafelförmigen Einschnitten, gestuften Terrassen und Ebenen in Höhen zwischen 550 und 650 Metern gekennzeichnet (PENTEADO, 1968). Das leicht zerklüftete Aussehen des Beckens ist auf die Bäche zurückzuführen, die seine Täler durchschneiden und sanfte Hänge erzeugen, die die subtabularen Interfluves begrenzen, die die Region beherrschen (PENTEADO, 1981).

Der Ribeirao Claro durchquert das UC in Nord-Süd-Richtung und bildet in einigen Abschnitten die Grenze zwischen FEENA und dem Stadtgebiet von Rio Claro. Dieser Fluss fließt durch ein offenes

Tal mit flachem Grund, in dem es gut entwickelte Flussebenen und aufgegebene Mäander gibt, die alluviale Ablagerungen aus Sand und Ton bilden (IF, 2005).

Der Wald befindet sich im Reliefkompartiment des Staates, das als Paulista Peripheral Depression bezeichnet wird, eine geomorphologische Einheit, deren Ursprung mit der Einrichtung einer Zone struktureller Schwäche im Kontakt zwischen sedimentären Lithologien, die mit dem Paranà Sedimentbecken verbunden sind, und präkambrischen Lithologien, die mit dem Atlantischen Plateau verbunden sind, zusammenhängt (IF, 2005).

Geologisch gesehen basieren die beiden für die Felduntersuchungen ausgewählten Gebiete auf basalen Intrusivgesteinen, die mit der Magmatischen Provinz Paranà (PMP) in Verbindung gebracht werden, die als eine der größten vulkanischen Erscheinungen basaler Natur im kontinentalen Bereich der Erde gilt und die brasilianischen Bundesstaaten Rio Grande do Sul, Paranà, Santa Catarina, Sao Paulo, Südwest-Minas Gerais und Südost-Mato Grosso do Sul umfasst. Basalte treten in Form von Ergüssen und Intrusivgesteinen (Schwellen und Dykes) auf (MACHADO et al., 2007).

Die Böden in den Untersuchungsgebieten werden aufgrund der Farbe, die durch den hohen Gehalt und die Art der im Ausgangsmaterial vorhandenen Eisenoxide entsteht, als Red Argisols bezeichnet. Ihre natürliche Fruchtbarkeit hängt vom Ausgangsmaterial ab. Da er als eutroph eingestuft ist, handelt es sich um einen Boden mit guter Fruchtbarkeit. Der Tongehalt im unterirdischen Horizont (rote Farbe) ist viel höher als im Oberflächenhorizont, und dieser erhöhte Tongehalt ist bei der Untersuchung der Textur im Feld leicht zu erkennen (EMBRAPA, 2006).

Da sie als typisch eingestuft sind, weisen die Böden in den Untersuchungsgebieten keine einschränkenden Merkmale auf, die landwirtschaftliche Aktivitäten einschränken könnten, wie z. B. abrupte Böden, bei denen der Texturunterschied zwischen den Oberflächenhorizonten den Boden anfällig für Erosion macht, oder saprolitische Böden, die das Eindringen der Wurzeln in die Oberfläche einschränken (EMBRAPA, 2006). Die einheimische Vegetation auf dem Gelände ist der saisonale Laubwald, der gut entwässerte eutrophe Basaltböden im Landesinneren des Bundesstaates São Paulo bedeckt (RODRIGUES, 1999).

Das Untersuchungsgebiet gehört zum Biom des Atlantischen Regenwaldes und wird von saisonalen Wäldern, auch mesophytische Wälder genannt, dominiert. Im Gegensatz zu den ombrophilen Wäldern (feucht und immergrün) unterliegen die saisonalen Wälder einer ausgeprägten klimatischen Saisonalität, wobei der Anteil der Laubbäume 50 % erreicht. In Rio Claro sind die saisonalen Wälder häufig mit Cerrado-Formationen durchsetzt, einem Gebiet, das in dieser Region durch sandige Böden mit geringer Wasserrückhaltekapazität geprägt ist (IF, 2005).

Das Klima im FEENA-Gebiet wird als Koppen's Cwa klassifiziert: *mesothermisch* (mit einer

Durchschnittstemperatur des kältesten Monats zwischen -3 °C und 18 °C) und *hochtropisch* (mit einem trockenen Winter und einer Durchschnittstemperatur des wärmsten Monats über 22 °C). Die Jahresdurchschnittstemperatur beträgt 20,6 °C (Abbildung 8), wobei zwischen der wärmsten Periode (September bis April), in der die Durchschnittstemperatur zwischen Dezember und März über 22 °C liegt und im Februar 23 °C erreicht, und der am wenigsten heißen Periode (Mai bis August) mit Temperaturen unter 19 °C unterschieden werden kann, wobei Juni und Juli die kältesten Monate sind (17,1 °C) (IF, 2005).

Die jährliche Niederschlagsmenge beträgt 1.534 mm, wobei zwei Jahreszeiten zu unterscheiden sind: eine regenreiche Periode von Oktober bis März, in der die Niederschlagsmenge 1.188 mm (77 % der Gesamtmenge) erreicht, und eine trockenere Periode von April bis September mit einer durchschnittlichen Niederschlagsmenge von 346 mm (23 % der Gesamtmenge). Außerdem werden die niederschlagsreichsten Monate unterschieden (Dezember, Januar und Februar): 248, 252 bzw. 210 mm; und die niederschlagsärmsten Monate (Juni, Juli und August): 48, 34 bzw. 34 mm (IF, 2005) (Abbildung 5).

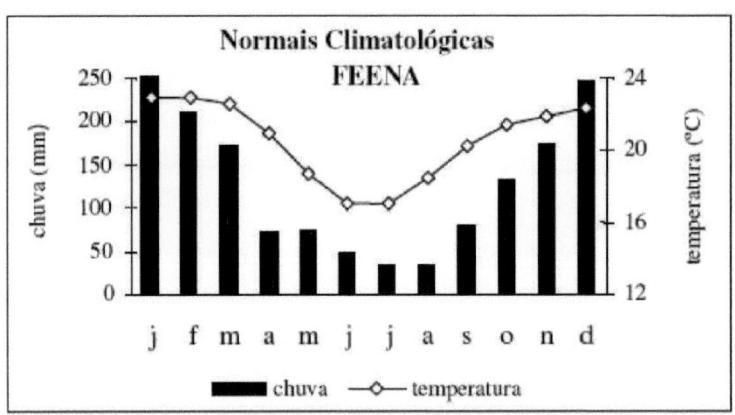

ABBILDUNG 5: KLIMATOLOGISCHE NORMALWERTE FÜR NIEDERSCHLAG UND NIEDERSCHLAGSMESSUNGEN VON 1954 bis 1997.

QUELLE: IF (2005).

Das Niederschlagsregime wird von den atlantischen tropischen und kontinentalen äquatorialen Luftmassen beeinflusst, die Feuchtigkeit auf den Kontinent bringen. Hohe Temperaturen lassen warme, feuchte Luft aufsteigen, die Niederschläge verursacht. Das Relief der Cuestas verursacht orografische Niederschläge, die ebenfalls zu den hohen Niederschlagsmengen beitragen. Im Winter werden die niedrigen Temperaturen von der atlantischen Polarmasse beeinflusst (MONTEIRO, 1967).

Nach der klimatologischen Wasserbilanz (THORNTHWAITE UND MATHER, 1955) (Abbildung

20

6) beträgt das jährliche Wasserdefizit nur 7 mm, die sich auf die Monate Juli und August konzentrieren. Der jährliche Wasserüberschuss beträgt 572 mm und konzentriert sich auf die Monate Oktober bis März. In den anderen Monaten gibt es keinen oder fast keinen Überschuss (IF, 2005).

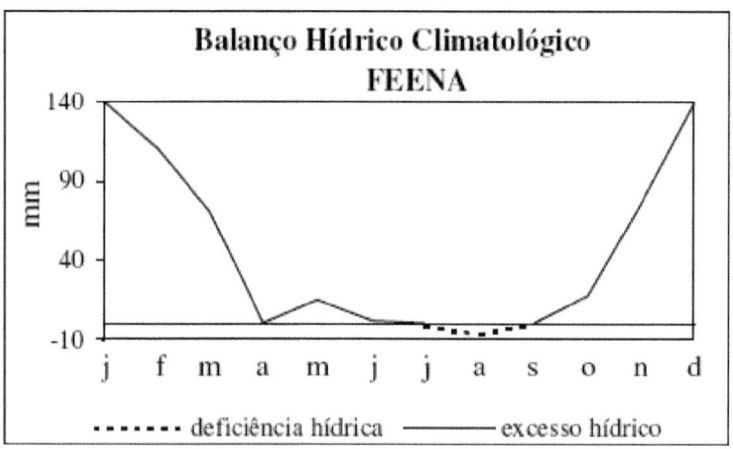

ABBILDUNG 6 - GRAFISCHE DARSTELLUNG DER WASSERBILANZ UND DER KLIMATOLOGIE VON 1954 BIS 1997.

QUELLE: IF (2008).

4. MATERIALIEN UND METHODEN

4.1 Gebietsauswahl und Versuchsplanung

Um die Unterschiede zwischen den Bodenkohlenstoffemissionen in bereits wiederhergestellten und in der Wiederherstellung befindlichen Gebieten innerhalb des morphoklimatischen Bereichs des Atlantischen Waldes zu bewerten und zu charakterisieren, haben wir eine neu bepflanzte Fläche, Parzelle 15, die 2014 bepflanzt wurde, und eine fast hundert Jahre alte Fläche ausgewählt.

Parzelle 23 (Abbildung 7) wurde 1916 von Navarro de Andrade mit dem Ziel angelegt, das Wachstum dieser Bäume mit dem von Eukalyptus zu vergleichen und zu zeigen, dass die australischen Arten schneller wachsen und eine bessere Holzqualität für die Herstellung von Holzkohle, Brennholz und Schwellen aufweisen. Setzlinge von 70 Arten aus 25 verschiedenen Familien, von denen viele von kommerziellem Interesse sind, wurden auf dieser Fläche von 1,1 Hektar in Abständen von 2 mal 2 Metern gepflanzt. Die ursprüngliche Idee ihres Schöpfers, das Wachstum der einheimischen Arten mit dem von Eukalyptus zu vergleichen, hat sich bestätigt, und es wurde festgestellt, dass die exotischen Arten am besten für die großflächige Anpflanzung durch die Companhia Paulista de Estradas de Ferro geeignet waren (IF, 2005).

ABBILDUNG 7. TEILANSICHT DES EINSCHNITTS 23 DER ZUFAHRTSSTRABE.

Da fast die gesamte FEENA mit Eukalyptus oder anderen exotischen Arten aufgeforstet wurde, gibt es Gebiete mit einheimischer Vegetation, die das Ergebnis eingeschränkter oder nicht vorhandener Waldbewirtschaftungsprozesse (historische Sammlungen und für die genetische Verbesserung interessante Flächen) oder der Nichtbesetzung früherer bewaldeter Flächen (aufgegebene Flächen) sind. In diesen Fällen kann die *einheimische Vegetation* entweder durch die Bildung eines Unterbodens in den älteren Parzellen oder durch Verjüngung, Befall oder Samenregen aus benachbarten bewaldeten Gebieten gefunden werden (iF, 2005).

Kürzlich wurden einige dieser aufgegebenen Parzellen bei FEENA in eine Vereinbarung über die Wiederherstellung der Umwelt einbezogen, und es wurden Wiederaufforstungspflanzungen durchgeführt. 2014 wurde die Parzelle 15 (Abbildung 8) mit mehr als 80 verschiedenen Arten neu bepflanzt, im Einklang mit dem SMA-Beschluss 8 vom 31. Januar 2008, in dem die Leitlinien für die heterogene Wiederaufforstung degradierter Flächen festgelegt sind, und die Bepflanzung wurde von CETEsB überwacht, da es sich um einen ökologischen Ausgleich handelte.

ABBILDUNG 8. DETAIL DER AUF PARZELLE 15 ANGELEGTEN VERSUCHSFLÄCHE.

Seit Anfang des Jahrhunderts wurde die Fläche der Parzelle 15, die zur Waldbewirtschaftungszone gehört, mit Eukalyptusbäumen bepflanzt. Nach dem letzten Einschlag vor etwa 10 Jahren wurde die Fläche aufgegeben und ist seitdem mit Grasarten wie dem Koloniegras bewachsen.

Kürzlich in eine Vereinbarung zur Wiederherstellung der Umwelt aufgenommen und neu bepflanzt, steht seine Bestimmung im Widerspruch zum Managementplan. Aufgrund des kürzlich ausgetrockneten Grasschnittes auf dem Boden und des Maschinenverkehrs während der Ernte der verschiedenen Eukalyptuszyklen ähnelt es eher einem Zuckerrohranbaugebiet als einem Wald.

Um die CO_2-Emissionen aus dem Boden in diesen beiden Gebieten zu ermitteln, wurden 900 m große Probeflächen eingerichtet[2]. Innerhalb dieser Parzellen wurden 17 Sammelstellen eingerichtet, die wie in Abbildung 9 dargestellt verteilt sind. Der Abstand zwischen den Punkten wurde auf 10 m festgelegt (zwölf Punkte), während im zentralen Teil der Abstand zwischen den Punkten 5 m betrug.

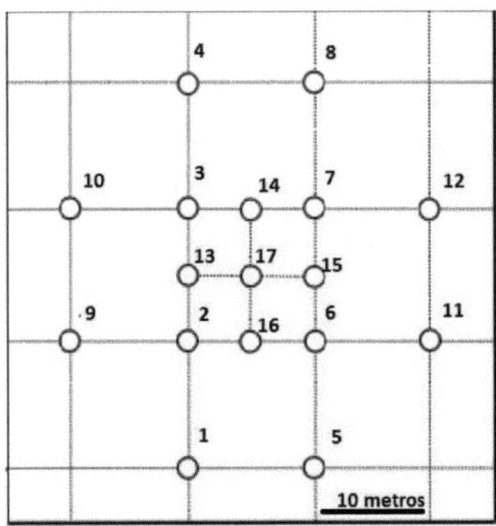

ABBILDUNG 9. VERTEILUNG DER PROBENAHMESTELLEN.

Um die Geräte, mit denen die Messungen durchgeführt wurden, zu befestigen, wurde 48 Stunden vor den Messungen an jedem Punkt ein 10 bis 15 cm hoher PVC-Ring am Boden befestigt (Abbildung 10), der während des gesamten Erfassungszeitraums an Ort und Stelle blieb, um die Struktur der Streu und der Bodenoberfläche möglichst wenig zu verändern.

Die Messungen wurden zwischen September 2014 und Mai 2015 zwischen 8 und 17 Uhr durchgeführt, um die Tageszeit mit der höchsten Sonneneinstrahlung zu nutzen und die Sicherheit der Arbeiten und der beteiligten Personen zu erhöhen. An jedem Punkt wurden fünf Durchflussmessungen vorgenommen und Daten zu den Umweltvariablen Luftdruck, Temperatur und Luftfeuchtigkeit erhoben. Die physikalischen Eigenschaften des Bodens wurden an jedem Punkt einmal gemessen, und zwar zur gleichen Zeit wie die Durchflussdaten. Die gemessenen Variablen waren: Luftfeuchtigkeit, Temperatur und der Wärmewiderstandskoeffizient des Bodens. Der Boden für die Bestimmung des C/N-Verhältnisses wurde im September 2014 gesammelt.

ABBILDUNG 10. AUFFANGRING IN PARZELLE 15 INSTALLIERT, KAMERA WIRD IN PARZELLE 23 AM RING BEFESTIGT.

4.2 CO2-Durchfluss-Messungen

Die CO2-Durchflussmessungen wurden mit einer von Moreno (2012) an der UNESP-Rio Claro entwickelten Ausrüstung durchgeführt, die aus einem Infrarot-Gasanalysator (iRGA), Modell Li-840, Marke Li-Cor, besteht, der mit einer dynamischen Kammer und einer Umwälzpumpe verbunden ist (Abbildungen 11 und 12).

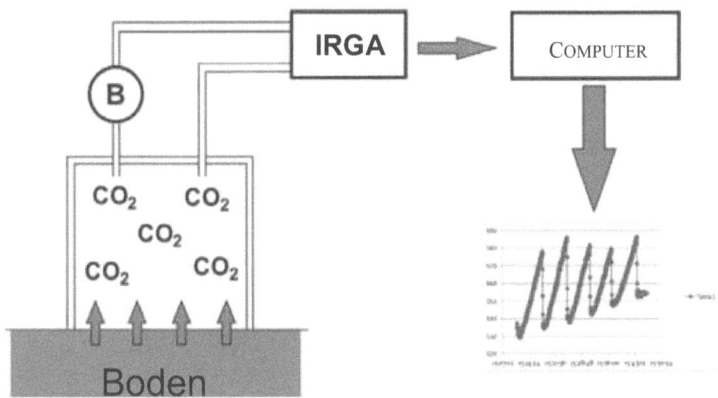

ABBILDUNG 11. DYNAMISCHE KAMMER ZUSAMMEN MIT EINEM INFRAROT-GASANALYSATOR (IRGA) UND einer Pumpe (B), die das Gas durch den IRGA zirkulieren lässt. QUELLE: GEÄNDERT VON MORENO (2012).

ABBILDUNG 12. INSTALLIERTE AUSRÜSTUNG, MITEINANDER VERBUNDENE KOMPONENTEN: COMPUTER, BATTERIE, GEHÄUSE UND KAMERA.

Dieses System hat den Vorteil, dass es eine Alternative zu den verschiedenen kommerziellen Systemen darstellt, die für diesen Zweck erhältlich sind. Zu diesen Vorteilen gehören: die niedrigen Gesamt- und Wartungskosten des Systems, die Möglichkeit der automatischen oder ferngesteuerten Kontrolle über das Internet, die Möglichkeit, den Detektor für die Messung anderer Gase zu wechseln und die gleichzeitige Messung anderer Parameter wie Feuchtigkeit, Temperatur, Druck und Luftgeschwindigkeit an der Probenahmestelle (MORENO, 2012).

Der auf die Bodenatmung zurückzuführende Fluss wird als Änderungsrate der CO_2-Konzentration innerhalb des Kammervolumens pro Zeiteinheit gemäß der nachstehenden Gleichung (5) berechnet:

$$Rs=(Cn-Cn1)/\Delta t*(V/A)*(P/RT), \qquad (5)$$

Dabei gilt: Rs=Referenz-CO_2-Fluss (μmol m^{-2} s^{-1}), Cn=CO_2-Konzentration (ppm), P=Luftdruck (Pa), T=Lufttemperatur (K), R=spezifische Gaskonstante (8,314 J mol^{-1} K^{-1}), V=Kammervolumen (m^3), A=horizontale Kammerfläche (m).^{2}

Die Infrarotspektroskopie, die Analysemethode, die das Gerät zur Bestimmung der CO_2-Konzentration verwendet, nutzt die Absorption von Strahlung zur Messung der Konzentration chemischer Verbindungen und wird in der Regel zur Bestimmung der Konzentrationen von Verbindungen aus Wasserstoff, Kohlenstoff oder Sauerstoff und Stickstoff eingesetzt (MORENO, 2012).

Der Infrarot-Gasanalysator (IRGAS) (Abbildung 13) besteht aus einem Infrarot-Strahler, einer Messzelle (dem sogenannten optischen Pfad), einem optischen Filter und einem Detektor. Das Infrarotsignal der Quelle durchläuft die Messzelle, in der sich die zu analysierende Gasprobe

26

befindet. Bevor es auf die Probe trifft, durchläuft das Licht einen Monochromator (der ein Prisma, ein Dispersionsnetzwerk oder ein Filter sein kann), der das polychromatische Licht in monochromatisches Licht umwandelt (ROMANO, 2006, apud MORENO, 2012).

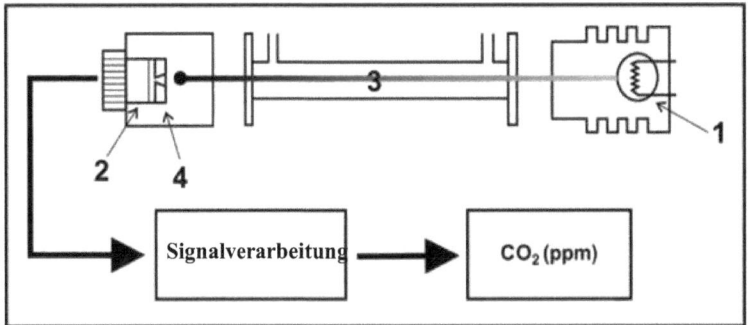

ABBILDUNG 13. GRUNDLEGENDER AUFBAU DES IRGA. 1. INFRAROT-QUELLE, 2. DOPPELDETEKTOR, 3.

PROBENZELLE (OPTISCHER PFAD), 4. FILTER. QUELLE: MORENO (2012).

Wenn die Luftprobe den Analysator, in diesem Fall den Li-840, durchläuft, wird sie von einem Lichtstrahl bekannter Intensität (P0) bestrahlt. Die eingestrahlten Photonen kommen mit den Molekülen der Probe in Berührung, und wenn diese eine Schwingungsenergie haben, die mit der Energie der Photonen nicht kompatibel ist, wird keine Energie absorbiert, und alle Photonen durchdringen die Probe. In diesem Fall hat der aus der Probe austretende Strahl die gleiche Intensität wie der einfallende Strahl P0 = P. Wenn die Energie der Photonen des eingestrahlten Lichts mit der Schwingungsenergie der Moleküle kompatibel ist, absorbieren diese die Photonen, wodurch sich ihre Schwingungsbewegung erhöht und folglich die Intensität des einfallenden Strahls verringert. Die Intensität des Photonenstrahls, der die Probe verlässt, ist geringer als die anfängliche Einfallsintensität (P0 > P) (HARRIS, 1999 apud MoRENo, 2012).

Vor der Durchführung der Feldmessungen wurde das Gerät in der Physikabteilung der UNESP Rio Claro kalibriert. Dazu wurden zwei Gasgemische mit bekannten Konzentrationen verwendet und die in der Gerätesoftware verfügbaren Kalibrierungspolynome angewandt. Die Kalibrierungen wurden mit einem Gemisch durchgeführt, das nur reinen Stickstoff enthielt, also 0 ppm CO2 (0 % CO2), und mit einem anderen mit einer Konzentration von 335 ppm CO2 (0,035 % CO2).

Die Erfassungssoftware, die zur Aufzeichnung der vom Li-840 erfassten Daten verwendet wird, dient auch zur Kalibrierung des Analysators, so dass es möglich ist, den Pegel ohne CO2-Konzentration (Null-CO2) und den Span-CO2-Pegel, bei dem die bekannte Konzentration aufgezeichnet wird, zu kalibrieren und aufzuzeichnen. Auf diese Weise sind für die Kalibrierung zwei Punkte mit einer

27

bekannten Konzentration erforderlich.

Nach der Kalibrierung des Geräts wurden die Daten bei FEENA gesammelt. Jede in der Grafik (Abbildung 14) dargestellte Datenerfassungskurve gibt Aufschluss über die CO2-Konzentration im Verhältnis zur Zeit, wobei diese Informationen und Gleichung (5) zur Berechnung einer CO2-Emissionsmessung verwendet werden. An jedem Punkt wurden bis zu fünf Messungen vorgenommen, und jede der in Abbildung 14 dargestellten Kurven wurde durch Schließen der Kammer des Geräts und Anreicherung von CO2 darin ermittelt. Wenn die Kammer geöffnet wird, kommt es im Durchschnitt alle 2 Minuten zu einem abrupten Rückgang der Konzentrationen in der Kammer.

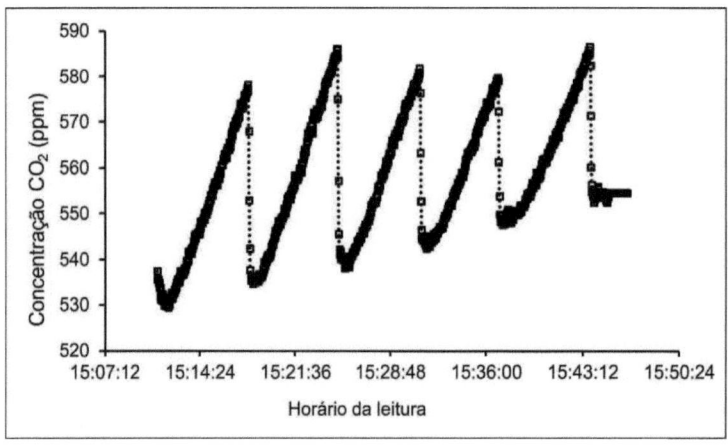

ABBILDUNG 14: CO2-Akkumulationsmessungen AN PUNKT 17 DER PARZELLE 15.

4.3 Bodenfeuchtigkeit

Zur Messung der Bodenfeuchtigkeit im Feld verwendeten wir ein Gerät namens "*Speed moiusture tester*" (Abbildung 15), das laut Garzella (2011) zufriedenstellende Ergebnisse bei der Bestimmung der Feuchtigkeit in verschiedenen Bodentypen liefert. Dieses Gerät wurde ursprünglich für die schnelle Bestimmung von Materialien unterschiedlicher Herkunft wie Samen, Fasern und Kohle auf der Grundlage der Reaktion von Wasser mit Karbid verwendet.

28

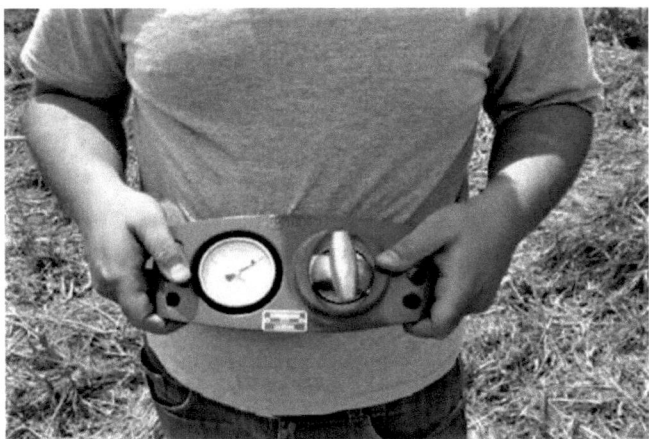

ABBILDUNG 15. GESCHWINDIGKEITSMESSGERÄT FÜR DIE BODENFEUCHTE.

Das chemische Prinzip des *Speed-Messgeräts* beruht auf dem Prozess der Bildung und Quantifizierung von Acetylen aus der Reaktion von Wasser mit Calciumcarbid, auch bekannt als Calciumcarbid-Methode. Das Messprinzip besteht darin, Kalziumkarbid mit dem zu analysierenden Material in einem Zylinder zu mischen, wobei sich durch die Reaktion mit dem im Boden vorhandenen Wasser Acetylengas bildet. Bei diesem Prozess fördert das im zu analysierenden Material enthaltene Wasser die Hydrolyse des Karbids, wodurch zwei Wasserstoffatome das Kalzium in seiner Struktur ersetzen und Acetylen gemäß der nachstehenden chemischen Reaktion entsteht (GARZELLA, 2011):

$$2\ H_2O + CaC_2 \rightarrow Ca(OH)_2 + C_2H_2\ (\uparrow) + \text{Energie (6)}$$

Auf diese Weise wird eine stöchiometrische Beziehung zwischen der Menge an Wasser, die als Reaktant eingesetzt wird, und der Menge an Acetylen, die als Produkt entsteht, hergestellt. Auf der Grundlage dieses Verhältnisses, bei dem jedes Mol Acetylen zwei Molen Wasser entspricht, kann der Wassergehalt einer Probe durch Quantifizierung des gebildeten Acetylens bestimmt werden. Da es sich bei Raumtemperatur um ein Gas handelt, erfolgt die Quantifizierung durch Messung des Drucks, den es im Inneren des Zylinders ausübt, mit einem Manometer (GARZELLA, 2011).

Bei der Ablesung ist es oft schwierig, den korrekten Feuchtigkeitsgehalt zu ermitteln, weil es Probleme beim Ablesen des Drucks gibt oder weil die Umrechnungstabelle für Druck und Feuchtigkeit häufig nicht übereinstimmt (GARZELLA, 2011).

Zunächst mussten die Messwerte des Geräts kalibriert werden, was im April 2014 geschah, um die Handhabung des Geräts zu optimieren und eine höhere Genauigkeit bei der Bestimmung der Bodenfeuchtigkeit zu erreichen, so dass die Feuchtigkeit korrekt mit den anderen im Rahmen des

29

Projekts gemessenen Parametern korreliert werden kann.

Zur Durchführung der Kalibrierung wurde ein Kilo Boden aus der 0-10 cm dicken Schicht der Parzelle 23 entnommen, zerkleinert und auf ein Tablett gelegt, das der Luft ausgesetzt wurde, damit es seine natürliche Feuchtigkeit verlor. Anschließend wurden fünf 150-Gramm-Aliquots abgetrennt und in Plastikbeutel gegeben, denen unterschiedliche Mengen Wasser zugefügt wurden, um unterschiedliche Feuchtigkeitsgrade zu erhalten. Diese Aliquoten wurden 3 Tage lang in Styroporboxen gelagert, um sie zu homogenisieren.

Nachdem alle Bodenaliquots homogenisiert worden waren, wurden drei Proben jeder Behandlung in einen Tiegel gegeben, zuvor gewogen und das Nassgewicht gemessen. Die Tiegel wurden 24 Stunden lang bei 100 °C in einen Ofen gestellt und dann erneut gewogen; aus der Differenz zwischen Nass- und Trockengewicht wurde die gravimetrische Feuchtigkeit des Bodens berechnet.

4.4 Bodentemperatur und Wärmeleitfähigkeit

Die Bodentemperatur und die Wärmeleitfähigkeit wurden mit einem KD 2Pro-Datenerfassungssystem (*Decagon*, USA) gemessen, das mit einer KS-1-Sonde (eine Nadel mit einem Heizelement und einem Thermoelement) gekoppelt war, mit einer Genauigkeit von ± 5 % für Wärmeleitfähigkeitswerte zwischen 0,2 und 2,0 Wm K^{-1-1} und ± 1 % für Werte zwischen 0,02 und 0,2 Wm K^{-1-1} . Die Temperatur- und Wärmeleitfähigkeitsdaten wurden 5 cm vom Sammelpunkt entfernt erfasst, indem die KS-1-Sonde während der Erfassung des CO_2-Ausstoßes in den Boden eingeführt wurde (Abbildung 16). Obwohl die KS-1-Sonde nicht für den Einsatz in feuchtem Boden geeignet ist, wurde sie verwendet, da sie die verfügbare Ausrüstung für die Messung dieses Parameters war.

Figura 16. KD2 - PRO-Ausrüstung, DIE MIT DEM ÎHÎ-Sensor GEKOPPELT IST UND DATEN IN DER PARZELLE 15 ERFASST.

4.5 Klimatische Parameter

Die Klimaparameter Temperatur, Luftfeuchtigkeit und Luftdruck wurden im Feld mit einer ANOVA-Wetterstation des Modells DRIA-0511 gemessen, die auf dem Boden neben der Kammer aufgestellt war und diese Parameter während der CO_2-Flussmessungen kontinuierlich aufzeichnete. Die Messungen wurden vor Ort in einem Tabellenkalkulationsprogramm erfasst und dann mit den CO_2-Emissionen korreliert.

4.6 Bestimmung des Kohlenstoff- und Stickstoffgehalts im Boden

Auf den Parzellen 15 (17 Punkte) und 23 (10 Punkte) wurden Bodenproben entnommen, um die Menge an Kohlenstoff und Stickstoff zu bestimmen. Das Material wurde mit einem Taschenmesser entfernt, wobei die Laubstreu weggeworfen wurde, und die Oberflächenschicht (0-5 cm) wurde gesammelt. Anschließend wurde das Material im Ofen bei 40 °C getrocknet, von Hand mit einer Holzrolle zerkleinert und durch ein feinmaschiges Sieb (2 mm) gestrichen, um die luftgetrocknete Feinerde (TFsA) zu erhalten.

Die TFSA-Proben wurden mazeriert und durch ein Sieb mit einer Maschenweite von ≤ 100 gesiebt. Fünf Gramm Boden von jeder Stelle wurden dann abgetrennt, in Tüten verpackt und für die Analysen gekennzeichnet. Der Stickstoff wurde nach der Kjeldahl-Methode (1883) und der Kohlenstoff nach der Methode von Yeomans und Bremner (1988) bestimmt.

4.7 Datenverarbeitung

Mit Hilfe der multiplen Regressionsanalyse wurde die Korrelation zwischen den im Feld gemessenen Parametern (unabhängige Variablen) und den CO_2-Emissionen (abhängige Variable) bewertet. Dabei handelt es sich um ein multivariates statistisches Verfahren, das in Umweltstudien häufig verwendet wird, um die Vorhersagekraft unabhängiger Variablen für abhängige Variablen zu bewerten (HAIR JR. et al, 2005).

Das allgemeine Modell der multiplen Regression wird durch den folgenden Ausdruck wiedergegeben, wenn es auf eine Stichprobe des Umfangs n angewendet wird (HAIR JR. et al, 2005):

$$Y_i = \beta_0 + \beta_1 X_{1i} + \beta_2 X_{1i} \ldots + \beta_p X_{pi} + \varepsilon_i, \quad i=1,2,..,n \quad (7)$$

Wo,

Yi = abhängige oder erklärte Variable i=1, *2...n*.

β_0 = Intercept oder unabhängiger Variablenterm

β_t = Neigung von Y in Bezug auf die Variable Xi, wobei $x_2, x_3, \ldots x_p$ konstant bleiben

β_p = Steigung von Y in Bezug auf die Variable Xp, wobei $x_i, x_2, \ldots x_{p-1}$ konstant bleiben

ε_i = Zufallsfehler in Y, für die Beobachtung i, i=1,2,..............,n.

Die Bedingung für eine multiple Regression ist, dass $\varepsilon_i \sim N (0, \sigma^2)$, d.h. die Fehler müssen eine Gaußsche Verteilung haben, unabhängig sein mit Mittelwert Null und konstanter Varianz.

Es gibt einige statistische Annahmen, die bei der Entwicklung von Modellen mit multipler linearer Regression nicht verletzt werden dürfen und die für eine korrekte Schätzung erforderlich sind. Die Modellierung muss mindestens die folgenden Annahmen erfüllen: Linearität, Homoskedastizität und Heteroskedastizität, Unabhängigkeit der Residuen, Normalität, *Ausreißer,* Kollinearität und Multikollinearität (HAIR Jr, et al., 2005).

Um zu untersuchen, ob die statistischen Annahmen der multiplen linearen Regression verletzt werden, ist die einfachste und gängigste Methode die Analyse eines Residuen-Plots (HAIR Jr. et al., 2009). Umweltdaten, wie die in diesem Projekt gesammelten, weisen häufig zensierte, fehlende und/oder abweichende Werte (*Ausreißer*) auf, haben möglicherweise keine Normal- oder Lognormalverteilung, und die Beziehung zwischen den gemessenen und geschätzten Werten für die abhängige Variable kann große Fehler aufweisen, die als Heteroskedastizität bekannt sind und die Vorhersage der abhängigen Variable gefährden können (HAIR Jr. et al., 2005). Wenn einige der statistischen Annahmen verletzt werden, müssen Korrekturmaßnahmen ergriffen werden. In diesem

Fall sind robuste statistische Methoden möglicherweise am besten geeignet, um die Verletzungen der allgemeinen Beziehung zu korrigieren (SABINO, et al., 2014).

Die Hinzufügung einer Variablen erhöht immer den Wert des Beziehungskoeffizienten, wenn die Anzahl der Stichproben klein ist, wird dieser Effekt als Overfitting bezeichnet. Diese Auswirkung wird minimiert, wenn die Stichprobe ein Minimum von 10 bis 15 Beobachtungen pro unabhängiger Variable aufweist (HAIR Jr., et al., 2009).

5. ERGEBNISSE

Die im Laufe des Projekts erzielten Ergebnisse werden in diesem Kapitel vorgestellt, wobei die Laboraktivitäten (Kalibrierung der Geräte), die Feldaktivitäten (Erhebungen der CO_2-Emissionen) und die statistische Auswertung der Felddaten behandelt werden.

5.1 Kalibrierung des Feuchtigkeitsmessers

Die für die mit der gravimetrischen Methode und der *Geschwindigkeitsmethode* hergestellten Bodenproben berechneten Luftfeuchtigkeiten sind in der nachstehenden Tabelle 1 aufgeführt, ebenso wie die Grafik, die die Korrelation zwischen diesen Bestimmungen zeigt (Abbildung 17).

TABELLE 1: In den mit dem "SPEED"-Gerät hergestellten Proben gemessene Feuchtewerte und GRAVIMETRIK DER PROBEN.

Muster	Geschwindigkeit" Feuchtigkeit	Gravimetrische Feuchtigkeit
1	4,00	4,81
3	7,50	8,22
2	11,50	13,73
4	15,80	20,91
5	19,80	31,90

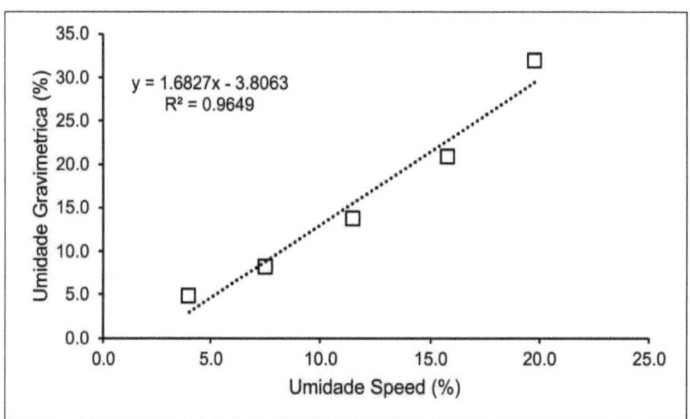

Figura 17. KORRELATION ZWISCHEN DER IN EINEM OFEN GEMESSENEN LUFTFEUCHTIGKEIT UND DER MIT DEM "*SPEED*"-MESSGERÄT GEMESSENEN.

Die ermittelte Korrelationsgleichung (Gleichung 8) ermöglichte die Korrektur der im Feld

34

durchgeführten Feuchtigkeitsmessungen, die in dieser Studie verwendet wurden.

Y=1,68X - 3,806 (8)

wo,

Y= *Geschwindigkeit* Feuchtigkeit und X = Schwere Feuchtigkeit

5.2 CO2-Emissionsraten und Feldparameter

Die Daten zu den durchgeführten CO2-Flußmessungen sind in den Tabellen 2 und 3 aufgeführt. Sie enthalten die erfaßten CO2-Emissionen, das Datum und die Uhrzeit der Erfassung, die Lufttemperatur, die Luftfeuchtigkeit, den Luftdruck, die Bodenfeuchtigkeit, die Bodentemperatur, die Wärmeleitfähigkeit und das C/N-Verhältnis. Tabelle 4 zeigt die grundlegenden statistischen Daten der für die Parzellen 15 und 23 bewerteten Parameter. Insgesamt wurden einhundertzwanzig Messungen der Co2-Emissionen aus dem Boden durchgeführt, einundsiebzig auf Parzelle 15 und neunundvierzig auf Parzelle 23.

Für die statistische Auswertung der gesammelten Daten wäre es notwendig gewesen, für beide Gebiete die gleiche Anzahl von Daten zu haben, was jedoch nicht möglich war. Um dieses Problem der Stichprobenverteilung zu umgehen, wurden in der Parzelle 15 nur 49 Stichproben ausgewählt, und zwar nach folgendem Kriterium: Aus den durchschnittlichen Co2-Emissionen an jedem Punkt wurden nur diejenigen ausgewählt, die eine geringere Abweichung vom Durchschnittswert aufweisen.

TABELLE 2: CO-Emissionen$_2$, DURCHSCHNITTLICHE ATMOSPHÄRISCHE PARAMETER UND PHYSIKALISCH-CHEMISCHE PARAMETER DES BODENS IN PARZELLE 23.

Punkt	Datum	Fahrplan	Emission (μmol CO2 m^ s^{21} .)	Umi. Luft (°0)	Lufttemp. Luft (° C)	P (IrPa)	Atmfeucht. Boden (° 0)	Bodentemp. Boden (° C)	Thermische Bedingungen (Wm-^{1} K')^1	C/N
1	7/10/2014	8:25	1.08	54	23.7	940.2	26.0	18.31	0.63	10.14
13*	10/7/2014	9:26	1.99	46	24.8	940.6	40.9	19.76	1.06	10.63
13	10/7/2014	9:33	2.29	41	24.8	940.8	40.9	19.76	1.06	10.63
13	10/7/2014	9:39	2.23	41	27.3	940.8	40.9	19.76	1.06	10.63
13	10/7/2014	9:45	2.01	29	33.3	940.8	40.9	19.76	1.06	10.63
13*	10/7/2014	9:53	2.59	33	33.3	940.8	40.9	19.76	1.06	10.63
3*	10/7/2014	10:11	1.99	30	30	940.6	37.7	19.41	0.97	10.27
3	10/7/2014	10:18	2.10	33	30.2	940.8	37.7	19.41	0.97	10.27
3	10/7/2014	10:25	2.17	35	28.5	940.5	37.7	19.41	0.97	10.27
3*	10/7/2014	10:32	1.92	35	28.5	940.5	37.7	19.41	0.97	10.27
3	10/7/2014	10:38	2.28	35	29.7	940.5	37.7	19.41	0.97	10.27
4*	10/7/2014	10:53	1.58	24	32.2	940.3	22.8	21.82	1.07	11.94
4	10/7/2014	10:59	1.79	24	35.8	940.1	22.8	21.82	1.07	11.94

Punkt	Datum	Fahrplan	Emission (µmol CO2 nr² s^1 .)	Umi. Luft (°0)	Lufttemp. Luft (° C)	P Atm (IiPa)	feucht. Boden (° 0)	Bodentemp. Boden (° C)	Kond. Tèrni (Wnr¹ K')¹	C/N
4	10/7/2014	11:07	1.84	22	37.2	939.7	22.8	21.82	1.07	11.94
4	10/7/2014	11:14	1.93	24	35.5	939.7	22.8	21.82	1.07	11.94
4*	10/7/2014	11:21	1.98	29	31.3	939.6	22.8	21.82	1.07	11.94
5*	10/8/2014	14:32	1.39	32	37.8	940.6	21.6	33.02	0.41	12.63
5	10/8/2014	14:04	2.01	15	43.4	940.8	21.6	33.02	0.41	12.63
5	10/8/2014	14:48	2.06	12	46.2	940.5	21.6	33.02	0.41	12.63
5	10/8/2014	14:56	1.96	15	48.3	940.5	21.6	33.02	0.41	12.63
5*	10/8/2014	15:03	2.04	13	50.2	940.5	21.6	33.02	0.41	12.63
7	10/8/2014	16:04	1.61	13	36.3	934.6	31.9	23.45	0.92	8.57
7	10/8/2014	16:13	1.53	13	36.6	933.8	31.9	23.45	0.92	8.57
7	10/8/2014	16:02	1.33	13	36.6	934	31.9	23.45	0.92	8.57

Punkt	Datum	Fahrplan	Emission (µmol CO2 nr² s^1 .)	Umi. Luft (°0)	Lufttemp. Luft (° C)	P Atm (IiPa)	feucht. Boden (° 0)	Bodentemp. Boden (° C)	Kond. Tèrni (Wnr¹ K')¹	C/N
8*	10/8/2014	16:45	E53	19	33.8	934	40.9	23.49	0.96	10.01
8*	10/8/2014	16:51	E87	21	32	934.2	40.9	23.49	0.96	10.01
8	10/8/2014	16:57	1.71	21	32	934.2	40.9	23.49	0.96	10.01
8	10/8/2014	17:04	1.71	23	31.1	934.2	40.9	23.49	0.96	10.01
8	10/8/2014	17:11	1.77	26	30.8	934.2	40.9	23.49	0.96	10.01
14*	10/9/2014	13:58	0.80	15	48.5	932.4	44.2	25.735	0.96	10.63
14*	10/9/2014	14:05	1.03	12	46.3	932.4	45.2	25.735	0.96	10.63
14	10/9/2014	14:12	0.96	13	45.3	932.4	46.2	25.735	0.96	10.63
14	10/9/2014	14:18	0.89	13	45.4	932.4	47.2	25.735	0.96	10.63
14	10/9/2014	14:25	1.01	12	46.9	932.2	48.2	25.735	0.96	10.63
15*	10/9/2014	14:38	1.50	13	45.9	932.1	27.5	35.295	0.86	13.63
15*	10/9/2014	14:44	1.69	12	46.5	931.9	28.5	35.295	0.86	13.63
15	10/9/2014	14:51	1.61	11	47.5	931.5	29.5	35.295	0.86	13.63
15	10/9/2014	14:57	1.68	12	46.9	931.9	30.5	35.295	0.86	13.63
15	10/9/2014	15:06	1.57	12	46.2	931.9	31.5	35.295	0.86	13.63
17	10/9/2014	15:13	1.15	14	44.3	931.9	33.2	29.14	0.73	10.63
17*	10/9/2014	15:02	1.52	12	46.2	931.9	34.2	29.14	0.73	10.63
17	10/9/2014	15:27	1.06	11	47.4	931.9	35.2	29.14	0.73	10.63
17	10/9/2014	15:32	0.98	15	48	931.9	36.2	29.14	0.73	10.63
17	10/9/2014	15:04	0.82	13	50	931.9	37.2	29.14	0.73	10.63
16*	10/9/2014	15:05	1.43	11	47.3	930.9	31.3	27.49	0.57	18.81
16	10/9/2014	15:57	1.61	13	45	932.4	32.3	27.49	0.57	18.81
16	10/9/2014	16:03	1.60	13	40.4	931.8	33.3	27.49	0.57	18.81
16*	10/9/2014	16:01	1.68	15	38.7	932	34.3	27.49	0.57	18.81
16	10/9/2014	16:16	1.61	17	37.1	932	35.3	27.49	0.57	18.81

Punkt	Datum	Fahrplan	Emission (µmol CO2 nr² s^1 .)	Umi. Luft (°0)	Lufttemp. Luft (° C)	P Atm (IiPa)	feucht. Boden (° 0)	Bodentemp. Boden (° C)	Kond. Tèrni (W11r¹ K')¹	C/N
16	10/9/2014	16:22	E60	15	37.3	932	36.3	27.49	0.57	18.81
9	10/23/2014	7:15	0.64	64	23.9	939	28.5	22.55	0.41	9.51

36

9	10/24/2014	7:03	0.68	54	26.3	939.5	28.5	22.55	0.41	9.51
9	10/25/2014	7:04	0.65	48	28	939	28.5	22.55	0.41	9.51
9*	10/26/2014	7:45	0.70	45	29.3	940	28.5	22.55	0.41	9.51
9	10/27/2014	7:52	0.59	45	30.4	940.4	28.5	22.55	0.41	9.51
9*	10/28/2014	8	0.68	45	30.4	940.4	28.5	22.55	0.41	9.51
10	10/29/2014	8:14	0.93	40	34	940.4	26.5	23.94	0.49	9.95
10	10/30/2014	8:31	0.93	28	40.7	940.3	26.5	23.94	0.49	9.95
10*	10/31/2014	8:29	1.07	22	42.9	940	26.5	23.94	0.49	9.95
10	11/1/2014	8:37	0.86	14	44.3	940	26.5	23.94	0.49	9.95
10	11/2/2014	8:46	0.86	25	41.5	940	26.5	23.94	0.49	9.95
6	11/3/2014	8:59	0.61	22	42.4	940.2	25.2	23.32	0.34	10.69
6	11/4/2014	9:07	0.69	29	39.3	940.5	25.2	23.32	0.34	10.69
6	11/5/2014	9:16	0.64	25	40.5	940.5	25.2	23.32	0.34	10.69
6	11/6/2014	9:31	0.58	23.2	37.3	940.6	25.2	23.32	0.34	10.69
6*	11/7/2014	9:36	0.51	33	36.7	940.6	25.2	23.32	0.34	10.69
11	11/8/2014	9:46	0.75	31	37.9	940.4	30.2	25.1	0.80	9.68
11	11/9/2014	9:53	0.98	26	41.6	940.4	30.2	25.1	0.80	9.68
11	11/10/2014	9:59	0.93	14	44.8	940.4	30.2	25.1	0.80	9.68
11*	11/11/2014	10:07	1.09	13	45.7	940.4	30.2	25.1	0.80	9.68
11	11/12/2014	10:13	0.86	11	47.3	940	30.2	25.1	0.80	9.68

Anmerkung: *Die Daten wurden nicht für die statistische Analyse verwendet.

TABELLE 3: CO-Emissionen$_2$, DURCHSCHNITTLICHE ATMOSPHÄRISCHE PARAMETER UND PHYSIKALISCH-CHEMISCHE PARAMETER DES BODENS IN PARZELLE 15.

Punkt	Datum	Fahrplan	Emission (µmol CO? ITT^2 s^{-1} -)	Umi, (%)	Ar Lufttemp. Luft (˚C)	P (IiPa)	Atm feucht. Boden (%)	Bodentemp. Boden (˚C)	Thermische Bedingungen (Wm^{-1} K')$^{-1}$	C/N
4	11/10/2014	13:02	3.86	53.00	28	940.4	53.8	23.02	0.299	8.19
4	11/10/2014	13:27	2.54	56.00	28	940.4	53.8	23.02	0.299	8.19
4	11/10/2014	13:35	2.38	64.00	29.5	940.3	53.8	23.02	0.299	8.19
4	11/10/2014	13:42	2.30	54.00	30.1	940.3	53.8	23.02	0.299	8.19
4	11/10/2014	13:52	2.08	54.00	29.5	940.2	53.8	23.02	0.299	8.19
3	11/10/2014	14:08	1.59	47.00	30.5	940.3	47.1	23.43	0.289	9.66
3	11/10/2014	14:19	1.68	49.00	30.1	940.2	47.1	23.43	0.289	9.66
3	11/10/2014	14:34	1.56	56.00	29.5	940.3	47.1	23.43	0.289	9.66
3	11/10/2014	14:39	1.55	54.00	29.3	940.1	47.1	23.43	0.289	9.66
3	11/10/2014	14:48	1.56	66.00	28.6	939.9	47.1	23.43	0.289	9.66
2	11/10/2014	15:02	1.47	57.00	28.7	940	50.5	23.3	0.449	8.67
2	11/10/2014	15:08	1.03	62.00	28.7	939.7	50.5	23.3	0.449	8.67
2	11/10/2014	15:18	1.11	64.00	28.4	939.6	50.5	23.3	0.449	8.67
2	11/10/2014	15:25	0.92	66.00	28.1	939.6	50.5	23.3	0.449	8.67
2	11/10/2014	15:36	1.19	62.00	28.3	939.4	50.5	23.3	0.449	8.67
1	11/10/2014	15:53	1.32	61.00	28.7	939.5	48.8	22.95	0.32	8.42
1	10/11/1014	16:01	1.09	66.00	28.7	939.5	48.8	22.95	0.32	8.42

1	11/10/2014	16:07	1.25	65.00	28.2	939.3	48.8	22.95	0.32	8.42
1	11/10/2014	16:15	1.39	58.00	27.9	939.2	48.8	22.95	0.32	8.42
8	11/11/2014	14	0.85	47.00	27	940.2	43.8	21.42	0.48	11.39
8	11/11/2014	14:01	0.76	49.00	27	940.3	43.8	21.42	0.48	11.39

Punkt	Datum	Fahrplan	Emission (μmol CO_2 m^2 s^1 .)	Umi, (%)	Ar Lufttemp. Luft (°C)	P (hPa) Atm	feucht. Boden (%)	Bodentemp. Boden (°C)	Thermische Bedingungen (Wm-¹ K')¹	C/N
8	11/11/2014	14:02	0.61	48.00	27.1	940.2	43.8	21.42	0.48	11.39
8	11/11/2014	7:12	0.89	48.00	27.2	940.3	43.8	21.42	0.48	11.39
7	2/3/2015	15	3.04	80.00	26	939.5	65.6	22.51	0.58	10.61
7	2/3/2015	15:15	2.92	78.00	26.2	939.5	65.6	22.51	0.58	10.61
7	2/3/2015	15:22	2.76	78.00	26.5	939.3	65.6	22.51	0.58	10.61
7	2/3/2015	15:03	1.97	77.00	26	939.2	65.6	22.51	0.58	10.61
6	2/3/2015	15:04	1.75	70.00	26	939.7	60.6	22.48	0.55	10.81
6	2/3/2015	16	2.57	72.00	25.8	939.6	60.6	22.48	0.55	10.81
6	2/3/2015	16:01	1.23	70.00	25.8	939.6	60.6	22.48	0.55	10.81
6	2/3/2015	16:19	3.35	68.00	26	939.4	60.6	22.48	0.55	10.81
6	2/3/2015	16:03	2.73	68.00	26	939.5	60.6	22.48	0.55	10.81
5	2/3/2015	16:45	2.07	65.00	25.5	940.2	53.8	22.85	0.72	10.46
5	2/3/2015	17	2.57	60.00	25.5	940.3	53.8	22.85	0.72	10.46
5	2/3/2015	17:15	2.86	60.00	25.3	939.5	53.8	22.85	0.72	10.46
5	2/3/2015	17:03	3.02	60.00	25.3	939.5	53.8	22.85	0.72	10.46
9	24/03/2015	14:37	1.59	81.00	25.2	945.4	57.2	21.17	0.66	8.77
9	24/03/2015	14:45	1.95	84.00	25.2	945.4	57.2	21.17	0.66	8.77
9	24/03/2015	14:52	1.99	81.00	25.4	945.2	57.2	21.17	0.66	8.77
9	24/03/2015	15:01	1.98	80.00	25.2	945.1	57.2	21.17	0.66	8.77
13	17/04/2015	10:23	1.64	86.00	23.2	945.9	57.2	21.42	0.48	9.66
14	17/04/2015	10:04	1.73	88.00	23.3	945.6	53.8	21.42	0.48	9.66
15	17/04/2015	10:55	2.59	89.00	23.5	945.3	63.9	21.42	0.48	9.66
16	17/04/2015	11:05	2.14	89.00	24.2	945.2	50.5	21.42	0.48	9.66

Punkt	Datum	Fahrplan	Emission (μmol CO_2 m^2 s^1 .)	Umi, (%)	Ar Lufttemp. Luft (°C)	P (hPa) Atm	feucht. Boden (%)	Bodentemp. Boden (°C)	Kond. Tèrni (Wm'¹ K')¹	C/N
10	17/04/2015	11:02	2.49	88.00	24.7	945.0	67.3	21.42	0.48	9.66
17	13/05/2015	9:05	2.10	89.00	19.4	948.6	39.9	18	0.48	9.66
14	13/05/2015	09:34	2.40	77	21	949.3	70.0	18	0.48	9.66
И	13/05/2015	10:05	2.03	88.00	19.6	948.8	39.9	18	0.48	9.66
12	13/05/2015	10:15	1.67	92.00	18.9	948.5	34.0	18	0.48	9.66

TABELLE 4: DESKRIPTIVE STATISTIK DER IM RAHMEN DES PROJEKTS UNTERSUCHTEN PARAMETER.

	Hebezeug	Emission (μmol CO_2 m^2 s^1 .)	Umi. Luft (°C)	Lufttemp. Luft (°C)	P Atm (IrPa)	feucht. Boden (%)	Bodentemp. Boden (°C)	Kond. Tèrni (W nr¹ K')¹	C/N	Fahrplan
Medien		E38	23.97	38.22	937.14	32.10	25.20	0.74	11,40	12.36
Max.	15	2.59	64.00	50.20	940.80	48.19	35.30	1.07	18,81	17.18
Min		0.51	11.00	23.70	930.90	21.65	18.31	0.34	8,57	7.25

DV		0.54	12.66	7.51	3.86	7.10	4.50	0.25	2,55	3.14
CV		39.13	52.82	19.65	0.41	22.12	17.86	33.78	22,37	25.40
Median		1.52	22.00	37.80	940.00	30.49	23.94	0.80	10,63	11.67
Medien		1.92	67.84	26.36	941.58	53.34	22.12	0.48	9,64	14.17
Max.		3.86	92.00	30.50	949.30	70.00	23.43	0.72	11,39	17.50
Min	23	0.61	47.00	18.90	939.20	33.99	18.00	0.29	8,19	7.20
DV		0.73	13.39	2.70	3.04	7.77	1.44	0.13	1,01	2.31
CV		38.02	19.74	10.24	0.32	14.57	6.51	27.08	10,48	16.30
Median		1.95	66.00	26.20	940.20	53.85	22.51	0.48	9,66	14.80
Medien		1.63	46.08	32.18	939.45	42.54	23.56	0.60	10,45	13.16
Max.		3.86	92.00	48.30	949.30	70.00	35.30	1.07	18,81	17.50
Min.	Insgesamt	0.51	11.00	18.90	931.50	21.65	18.00	0.29	8,19	7.20
CV		31.29	23.87	58.73	99.15	50.89	76.40	48.33	78,37	54.71
DV		0.70	25.47	7.97	4.03	13.07	3.50	0.24	2,10	3.00
Median		1.61	48.00	29.00	940.05	41.72	23.02	0.55	10,01	14.31

In Bezug auf die CO_2-Flüsse aus den Kohlenstoffemissionen des Bodens wurde festgestellt, dass die Emissionen in Parzelle 15 etwas geringer waren als die in Parzelle 23, nämlich zwischen 0,51 und 2,59 μmol CO_2 m^{-2} s^{-1}, mit einem Mittelwert von 1,38 μmol CO_2 m^{-2} s^{-1}, einer Standardabweichung von 0,54 und einem Median von 1,52 μmol CO_2 m^{-2} s^{-1}, gegenüber Emissionen, die zwischen 0,61 und 3,86 μmol CO_2 m^{-2} s^{-1} lagen, mit einem Durchschnitt von 1,92 μmol CO_2 m s^{-2-1}, einer Standardabweichung von 0,73 und einem Median von 1,95 μmol CO_2 m s^{-2-1} (Tabelle 3). Abbildung 18 zeigt diese Unterschiede.

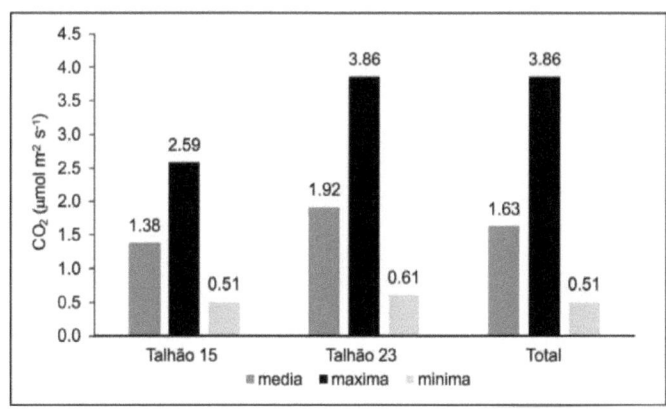

ABBILDUNG 18: CO_2-Emissionen.

Aufgrund des Zeitraums der Datenerfassung und der Beschattung durch die Bäume sind die in Parzelle 15 gemessenen Temperaturschwankungen größer als in Parzelle 23, nämlich zwischen 23,7°C und 50,2°C (durchschnittlich 38,3°C) bzw. 18,9°C und 30,5°C (durchschnittlich 26,4°C). Die Bodentemperatur zeigt ein ähnliches Verhalten und schwankt in Parzelle 15 zwischen 18,3°C und 35,3°C (durchschnittlich 25,2°C) und in Parzelle 23 zwischen 18,0°C und 23,4°C (durchschnittlich 22,1°C) (Tabelle 3 und Abbildung 19).

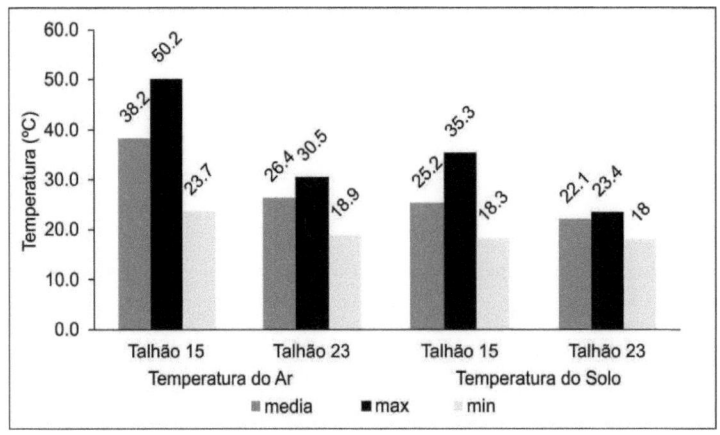

Abbildung 19: Boden- und Lufttemperatur während des Sammelzeitraums.

Die relative Luftfeuchtigkeit in Parzelle 15 reichte von 11,0 % bis 64,0 % (Durchschnitt 23,9 %), während die Luftfeuchtigkeit in Parzelle 23 aufgrund der vorhandenen Vegetation von 47,0 % bis 92,0 % (Durchschnitt 67,8 %) reichte (Abbildung 20). Geringe Schwankungen des atmosphärischen Drucks wurden zwischen 930,9 hPa und 940,8 hPa in Parzelle 15 und zwischen 939,2 hPa und 949,3 hPa in Parzelle 23 beobachtet.

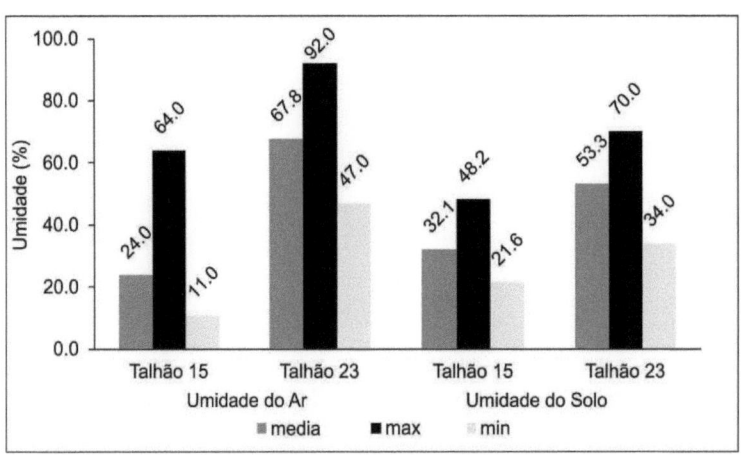

ABBILDUNG 20: BODEN- UND LUFTFEUCHTIGKEIT WÄHREND DES SAMMELZEITRAUMS.

Infolge der Vegetationsbedeckung des Bodens wiesen die physikalischen Parameter des Bodens einige Unterschiede zwischen den Flächen auf. Die Bodenfeuchtigkeit in Parzelle 15 reichte von

21,7 % bis zu einem Maximum von 48,2 % (Durchschnitt 32,1 %), während sie in Parzelle 23 von 34,0 % bis 70,0 % (Durchschnitt 53,3 %) variierte (Abbildung 20). Die Wärmeleitfähigkeit von Parzelle 15 ist höher als die von Parzelle 23 und reicht von 1,07 W m^{-1} K^{-1} bis 0,34 W m K^{-1-1} (Durchschnitt 0,74 W m^{-1} K^{-1}) bzw. von 0,72 W m^{-1} K^{-1} bis 0,29 W m K^{-1-1} (Durchschnitt 0,48 W m^{-1} K^{-1}) (Abbildung 21).

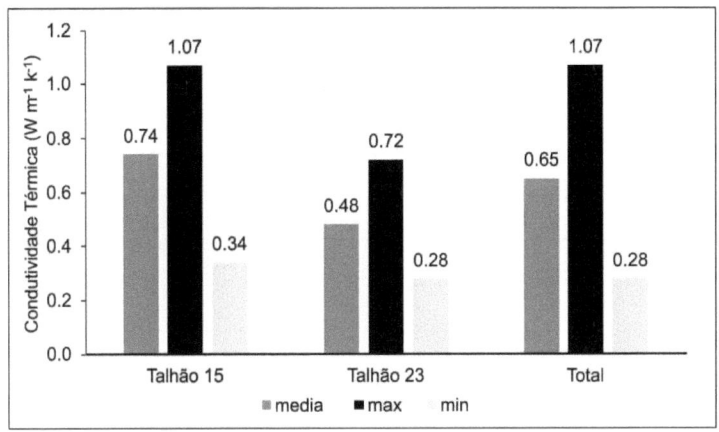

ABBILDUNG 21: WÄRMELEITFÄHIGKEIT WÄHREND DES ERFASSUNGSZEITRAUMS.

Das C/N-Verhältnis wies in Parzelle 15 höhere Werte auf, was auf einen geringeren Kohlenstoffgehalt des Bodens hindeutet. Es reichte von 18,8 bis 8,6 (Durchschnitt 11,44) in Parzelle 15 und von 11,4 bis 8,2 (Durchschnitt 9,6) in Parzelle 23 (Abbildung 22).

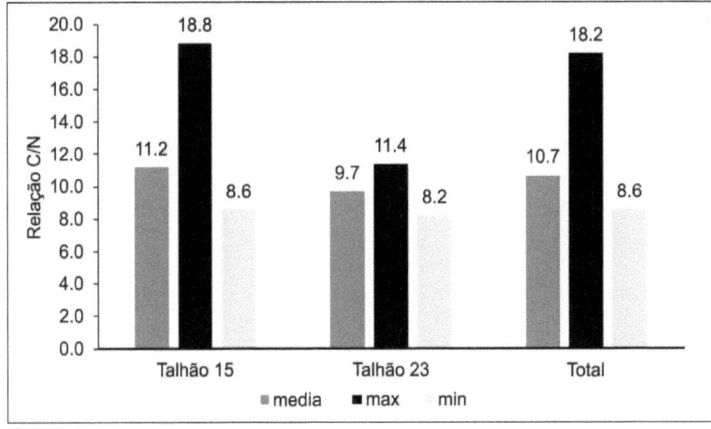

ABBILDUNG 22: GEMESSENES C/N-Verhältnis.

41

5.3 Bewertung der täglichen Emissionsschwankungen

Verschiedene Studien über CO2-Emissionen und Bodenatmung zeigen, dass die Emissionen täglich schwanken (LA SCALA et al. 2000; TEIXEIRA et al., 2011; EPRON, 2014; BICALHO et al., 2014). Um diese Schwankungen im Untersuchungsgebiet zu verstehen, wurden die durchschnittlichen Tageswerte der gemessenen Emissionen sowie die Parameter Bodenfeuchte und Lufttemperatur berechnet, Variablen, die signifikant mit der Bodenatmung korreliert sind (DIAS, 2006; EPRON et al., 2006; OHASHI AND GYOKUSEN, 2007).

TABELLE 5: DESKRIPTIVE STATISTIKEN FÜR CO2-Emissionen, BODENTEMPERATUR UND BODENFEUCHTE FÜR ALLE TAGE DER STUDIE 2014/2015.

Datum	CO-Emissionen$_2$ (μmol CO$_2$ m^{-2} s)$^{-1}$		Bodenfeuchtigkeit (%)		Lufttemperatur (°C)		n
	Medien	cv*(%)	Medien	CV(%)	Medien	CV(%)	
07/09/14	1,98	16,67	33,32	23,62	30,38	12,94	16
08/09/14	1,73	13,29	31,42	26,88	38,08	17,04	13
09/09/14	1,32	24,24	36,06	17,25	45,1	7,82	21
23/09/14	0,77	21,46	27,63	6,75	37,39	18,02	21
10/10/14	1,68	40,9	50,13	5,06	28,88	2,67	19
11/10/14	0,78	14,04	43,75	0	27,08	0,31	4
03/02/15	2,53	22,89	60,06	7,72	25,84	1,32	13
24/03/15	1,88	8,82	57,21	0	25,25	0,34	4
17/04/15	2,12	18,16	58,56	10,66	23,78	2,43	5
13/05/15	2,05	12,71	45,94	30,69	19,73	3,95	4

obs:* CV- Variationskoeffizient

Die durchschnittlichen täglichen CO2-Emissionen aus dem Boden lagen zwischen 0,77 und 1,98 μmol CO2 m^{-2} s^{-1} für die Parzelle 15 (Aufforstung im Wachstumsstadium) und zwischen 0,78 und 2,53 μmol CO2 m^{-2} s^{-1} für die Parzelle 23 (etablierte Aufforstung), was, wie bereits erwähnt, die höheren Emissionsraten für die bereits aufgeforstete Fläche zeigt.

Die Werte des Variationskoeffizienten lagen zwischen 8 % und 40 %, was im Vergleich zu den von anderen Autoren (BiCALHo et al., 2014) im Bundesstaat São Paulo ermittelten Werten niedrig ist. Bei der Analyse dieser Werte ist zu berücksichtigen, dass in diesem Projekt jeder Punkt mehr als einmal gemessen wurde und an manchen Tagen nur wenige Messungen durchgeführt wurden.

Beim Vergleich der durchschnittlichen Bodenfeuchtigkeitswerte und der Emissionsraten (Tabelle 5) zeigt sich, dass eine Korrelation zwischen den Werten besteht, wobei ein Anstieg der Feuchtigkeit mit einem Anstieg der Emissionen einhergeht. Diese Korrelation ist jedoch statistisch nicht

42

signifikant ($r=0,60$, $p<0,06$), was vor allem auf die geringe Anzahl von Proben zurückzuführen ist.

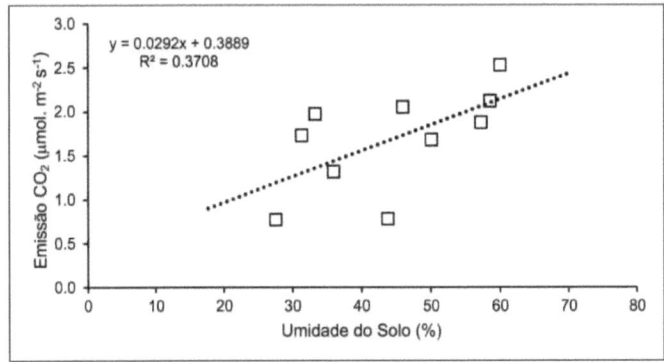

ABBILDUNG 23: BEZIEHUNG ZWISCHEN DEM TAGESDURCHSCHNITT DES CO2 UND DER BODENFEUCHTIGKEIT.

Beim Vergleich mit den gemessenen Temperaturen ergab sich eine negative lineare Korrelation zwischen dem durchschnittlichen täglichen CO2-Ausstoß und der durchschnittlichen Tagestemperatur (Abbildung 24), die ebenfalls nicht statistisch signifikant ist ($r=-0,49$, $p<0,2$). Die negative Korrelation ist zwar nicht signifikant, lässt sich aber durch die Messung höherer Emissionsraten (Abbildung 18) in der wiederhergestellten Waldfläche (Parzelle 23) erklären, wo die Temperaturen niedriger und homogener sind (Abbildung 19).

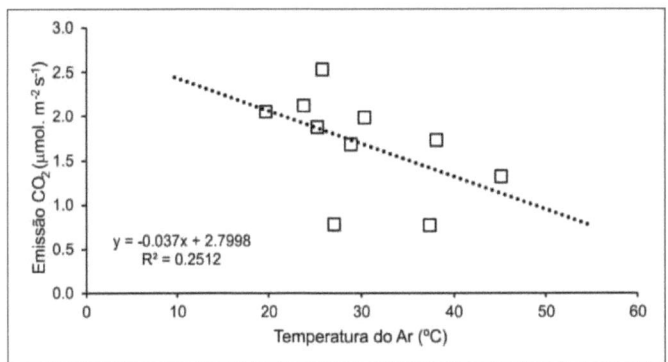

ABBILDUNG 24: VERHÄLTNIS ZWISCHEN TAGESMITTELWERTEN DER EMISSIONEN UND DER LUFTTEMPERATUR.

5.4 CO2-Emissionen und Umweltvariablen

Um die Beziehungen zwischen den im Rahmen des Projekts gemessenen Variablen besser untersuchen zu können, wurde eine Korrelationsmatrix für die in der neu aufgeforsteten Fläche erhobenen Daten erstellt, so dass auch die Korrelationen zwischen den unabhängigen Variablen bewertet werden konnten. Tabelle 6 zeigt die Korrelationsmatrix für die in Parzelle 15 erhobenen Daten.

43

	Ich sah Ausgabe	V2 feucht. Luft	V3 Lufttemperatur	V4 Druck	V₅ U do Boden	V6 T.Solo	V7Cond. Begriff.	V8 C/N	V9 Fahrplan
Ich sah	1,00	-	-	-	-	-	-	-	-
V2	-0,11	1,00	-	-	-	-	-	-	-
V3	-0,21	-0,84*	1,00	-	-	-	-	-	-
V4	0,02	0,61*	-0,47*	1,00	-	-	-	-	-
V5	0,18	-0,09	-0,10	" . -****z -0,46	1,00	-	-	-	-
V6	-0,02	-0,62*	0,75*	-0,52*	-0,24*	1,00	-	-	-
V7	0,56*	-0,16	-0,16	-0,20	0,57*	-0,26*	1,00	-	-
V8	0,28**	-0,37*	0,29*	-0,44*	-0,08	0,46*	-0,16	1,00	-
V9	0,33*	-0,74*	0,47*	-0,79*	0,31*	0,58*	0,26*	0,44*	1,00

Die CO_2-Emissionsraten des Bodens zeigten eine signifikante lineare Korrelation mit drei der untersuchten Variablen (Tabelle 6): Wärmeleitfähigkeit ($r=0,56$, $p<0,0001$), C/N-Verhältnis ($r=0,28$, $p<0,05$) und Tages$_{zeit}$ ($r=0,33$, $p<0,05$).

Die Lufttemperatur zeigte eine nicht signifikante negative Korrelation ($r=-0,21$, $p<0,1$) mit den Emissionen, ebenso wie die Korrelation zwischen der täglichen Bodenatmung und der Temperatur in Parzelle 15, was darauf zurückzuführen ist, dass während des Sammelzeitraums extrem heiße Temperaturen auftraten, was letztendlich die bakterielle Aktivität hemmt (KANG et al., 2003).

Die Bodenfeuchte zeigte eine nicht signifikante lineare Korrelation ($r=0,18$, $p<0,2$) mit der Atmung. Die signifikante positive lineare Korrelation ($r=0,57$, $p<0,0001$) zwischen der Wärmeleitfähigkeit und der Bodenfeuchte sowie die Korrelation zwischen der Wärmeleitfähigkeit und den Emissionen könnten auf den Einfluss der Feuchtigkeit auf die Bodenatmung hinweisen.

Obwohl die Tageszeit keinen direkten Einfluss auf die Emissionen hat, kann sie den Einfluss von Umweltvariablen darstellen, die miteinander korrelieren, da die Variable eine lineare Korrelation aufweist.

mit Lufttemperatur ($r=0,47$, $p<0,0001$), Bodentemperatur ($r=0,58$, $p<0,0001$) und Bodenfeuchtigkeit ($r=0,31$, $p<0,01$).

Wir wissen, dass der Standort gerade erst aufgeforstet wurde, so dass die Emissionen durch die Atmung der Pflanzenwurzeln kaum beeinflusst werden. In diesem Fall kann die Kohlenstoffmenge im Boden ein entscheidender Faktor für die Menge des emittierten CO_2 sein, da das C/N-Verhältnis eine positive lineare Korrelation mit den Emissionen aufweist.

Dasselbe Verfahren wurde für die Parzelle 23 angewandt, eine 1918 für denselben Zweck aufgeforstete Fläche (Tabelle 7).

44

	V1 Ausgabe	V2 feucht. Luft	V3 Lufttemperatur	V4 Druck	V5 U do Boden	V6T.Solo	V7Cond. Begriff.	V8 C/N	V9 Fahrplan
V1	1,00	-	-	-	-	-	-	-	-
V2	0,28*	1,00	-	-	-	-	-	-	-
V3	-0,24	-0,77*	1,00	-	-	-	-	-	-
V4	0,07	0,72*	-0,81*	1,00	-	-	-	-	-
V5	0,55*	0,34*	-0,05	-0,06	1,00	-	-	-	-
V6	-0,02	-0,60*	0,89*	-0,88*	0,14	1,00	-	-	-
V7	0,27	0,41*	-0,51*	0,18	0,38*	-0,26	1,00	-	-
V8	0,04	-0,03	-0,28	-0,12	0,11	-0,17	0,48*	1,00	-
V9	0,08	-0,36*	0,51*	-0,71*	0,23	0,68*	0,22	-0,01	1,00

Feld 23 zeigte eine signifikante lineare Korrelation (Tabelle 7) zwischen CO2-Emissionen und Bodenfeuchtigkeit $(r=0,55, p<0,0001)$ und Luftfeuchtigkeit $(r=0,28, p<0,05)$.

Die Korrelation zwischen Bodenfeuchte und CO2-Atmung wurde bereits bei der Analyse der täglichen Feuchtigkeitsschwankungen nachgewiesen, und mit zunehmender Feuchtigkeit steigt die Abbauaktivität von M.O. durch Mikroorganismen (KUTsCH et al., 2010).

Die Luftfeuchtigkeit in Parzelle 23 zeigt eine signifikante Korrelation mit der Bodenfeuchtigkeit $(r=0,34, p<0,05)$, was darauf hindeutet, dass eine höhere Luftfeuchtigkeit mit Niederschlagsereignissen verbunden ist. Wie bei Parzelle 15 zeigt die Lufttemperatur eine negative lineare Beziehung $(r=-0,24, p<0,11)$, die nicht signifikant mit den Emissionen ist.

Wenn die Korrelationsmatrix mit allen gesammelten Daten (Tabelle 8) aus den beiden Gebieten zusammen ausgewertet wird, zeigt sich, dass die CO2-Emissionen eine signifikante positive Korrelation mit den folgenden Parametern aufweisen: Luftfeuchtigkeit $(r=0,40, p<0,0001)$, Luftdruck $(r=0,25, p<0,05)$, Bodenfeuchtigkeit $(r=0,55, p<0,0001)$ und Tageszeit $(r=0,33, p<0,01)$ und eine signifikante negative Korrelation mit der Lufttemperatur $(r=-0,41, p<0,0001)$.

	V1 Ausgabe	V2 feucht. Luft	V3 Lufttemperatur	V4 Druck	V5 U des Bodens	V6 T.Solo	V7 Zustand. Begriff.	V8 C/N	V9 Fahrplan
V1	1,00	-	-	-	-	-	-	-	-
V2	0,40*	1,00	-	-	-	-	-	-	-
V3	-0,41*	-0,89*	1,00	-	-	-	-	-	-
V4	0,25*	0,74*	-0,67*	1,00	-	-	-	-	-
V5	0,55*	0,74*	-0,63*	0,31*	1,00	-	-	-	-
V6	-0,17	-0,62*	0,79*	-0,66*	-0,38*	1,00	-	-	-
V7	0,09	-0,44*	0,28*	-0,36	-0,21*	0,05	1,00	-	-

| V_8 | -0,01 | -0,44* | 0,40* | -0,46 | -0,31* | 0,48* | 0,18 | 1,00 | - |
| V_9 | 0,33* | 0,00 | 0,04* | -0,44 | 0,42* | 0,35* | 0,05 | 0,15 | 1,00 |

Der Vergleich der gesammelten Daten zeigt, dass die höchsten CO_2-Emissionen (Abbildung 18) in Parzelle 15 sowie die höchste Boden- und Luftfeuchtigkeit (Abbildung 20), das C/N-Verhältnis (Abbildung 22) und der atmosphärische Druck (Tabelle 4) verzeichnet wurden, während die höchste Boden- und Lufttemperatur (Abbildung 19) und die höchste Wärmeleitfähigkeit (Abbildung 21) in Parzelle 23 gemessen wurden.

Dies erklärt, warum bei der Gesamtauswertung der Daten eine stärkere Korrelation zwischen Luftfeuchtigkeit und Emissionen zu erkennen ist als bei der Auswertung der einzelnen Flächen. In den wiederaufgeforsteten Waldflächen sind die Luftfeuchtigkeit (Abbildung 20) und die CO_2-Emissionen höher als in den neu aufgeforsteten Flächen, weshalb die Gesamtdaten diese Korrelation aufweisen (Tabelle 8), die bereits bei den 1918 gepflanzten Flächen zu beobachten war (Tabelle 7).

Die Bodentemperatur zeigte eine signifikante negative Korrelation mit der Bodenatmung (Tabelle 8), eine Tendenz, die bereits bei der Analyse der durchschnittlichen Tagesdaten (Abbildung 23) und bei der individuellen Analyse der einzelnen Parzellen (Tabellen 6 und 7) beobachtet wurde. Dies ist auf die Tatsache zurückzuführen, dass die niedrigsten Lufttemperaturen aufgrund des durch die Vegetation geschaffenen Mikroklimas in Waldgebieten zu finden sind.

Die Beziehung zwischen Bodenfeuchtigkeit und Atmung (Tabelle 8) ähnelte dem Wert, der für die 1918 wiederaufgeforstete Fläche gefunden wurde (Tabelle 7), was zeigt, dass die Feuchtigkeit ein wichtiger Einflussfaktor für die Emissionen sowohl in den neu aufgeforsteten als auch in den wiederaufgeforsteten Gebieten ist, wobei die stärkste Korrelation in unserem Satz von Variablen gefunden wurde.

5.5 Multiple lineare Regression

Aus der Analyse der Korrelationsmatrix mit allen Projektdaten (Tabelle 8) geht hervor, dass mehrere Variablen mit den CO_2-Emissionen korreliert sind, aber keine von ihnen ist in der Lage, die CO_2-Emissionsrate aus der Bodenatmung zufriedenstellend vorherzusagen. Die multiple lineare Regression ist das geeignete statistische Instrument zur Vorhersage einer abhängigen Variable, wenn diese mit mehreren unabhängigen Variablen korreliert.

Aufgrund des Verhältnisses zwischen der Anzahl der unabhängigen Variablen und der Anzahl der Stichproben würde die Entwicklung eines Regressionsmodells für jedes der Gebiete separat zu Problemen der Überanpassung führen (HAIR Jr. et al., 2009), und es wird die Entwicklung eines einzigen Modells empfohlen, da beide Gebiete auf der gleichen Bodenart und dem gleichen Klimaregime liegen.

Um das Ziel der multiplen linearen Regression zu erreichen, nämlich die Schätzung eines allgemeinen Modells zur Vorhersage des CO_2-Gehalts in den aufgeforsteten Gebieten des Atlantischen Regenwaldes, war es notwendig, die Anzahl der Proben für beide Parzellen zu standardisieren. Das Verfahren war dasselbe wie das zuvor verwendete (Tabelle 8), wobei der Durchschnitt der an jedem Punkt berechneten Werte (Tabelle 2) verwendet wurde, um die Messungen mit den größten Abweichungen vom Durchschnitt zu eliminieren (Anhang 1).

Um die Fähigkeit der ausgewählten unabhängigen Variablen zur Vorhersage der CO_2-Emissionen aus dem Boden zu bewerten, wurde eine multiple lineare Regressionsgleichung mit Hilfe von *Stata: Data Analysis and Statistical* Software anhand der Daten in Anhang 1 geschätzt. Tabelle 9 zeigt die Ergebnisse der multiplen Regression.

TABELLE 9: MULTIPLE LINEARE REGRESSION MIT ALLEN ERHOBENEN DATEN.

Anzahl der Beobachter = 98			SS	df	MS
F(8, 89)= 12,68		Regression	25,94612	8	3,24326526
Wahrscheinlichkeit >F = 0	Wurzel MSE = 0,50581	restliche	22,76997	89	0,25584241
R^2 = 0,53	R^2 bereinigt = 0,49	insgesamt	48,7161	97	0,5022278
Variabel	Coef.	Standardfehler	t	P>|t|	(Interv. Conf. 95%)	
Temperatur, Luft	-0,64313	0,0207775	-3,10	0,003	-0,1056	-0,0230282
Luftfeuchtigkeit, Luft	-0,01890	0,0077692	-2,43	0,017	-0,0343	0,0034645
Temperatur, Boden	0,09957	0,0328228	3,03	0,003	-0,0343	0,1647882
Umid, Solo	0,03462	0,008346	4,15	0,000	0,0180	0,512001
Druck	0,11100	0,0264199	4,20	0,000	0,0585	1,634966
Cod. Term,	0,89699	0,2648216	3,39	0,001	0,3708	1,423190
C/N	0,05652	0,0293649	1,92	0,057	-0,0018	0,1148726
Fahrplan	0,03800	0,0281285	1,35	0,18	0,0179	0,0938250
Nachteile	-105,1550	24,930580	-4,22	0,000	-154,6910	-55,618220

Die Analyse der Ergebnisse zeigt, dass die Hypothese der fehlenden Regression verworfen werden kann, d.h. das Modell ist bei einem Signifikanzniveau von 0,05 signifikant, da der F-Wert (12,68) größer ist als der kritische Wert (Fs = 2,126) und der p-Wert = 0,0000 < 0,05, was den Schluss zulässt, dass mindestens eine der erklärenden Variablen mit den Co2-Emissionen in Zusammenhang steht.

Der Verhältniswert des Modells ist zufriedenstellend (R^2 =0,53) und stellt den Anteil der Schwankungen der CO_2-Emissionen dar, der durch die ausgewählten erklärenden Variablen erklärt wird, wie in Abbildung 25 zu sehen ist, die die gemessenen Werte *den* durch die multiple lineare Regression berechneten Werten *gegenüberstellt. Es ist zu erkennen,* dass die berechneten Werte (Reihe 2) in Parzelle 15 (kürzlich aufgeforstet - Punkte 1 bis 49) besser an die beobachteten Werte

(Reihe 1) angepasst sind als in Parzelle 23 (1918 aufgeforstet - Punkte 50 bis 98).

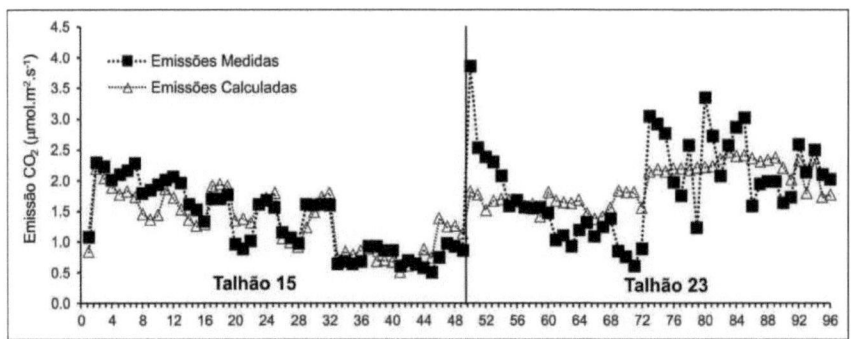

ABBILDUNG 25: VERGLEICHSDIAGRAMM DER GEMESSENEN WERTE (BLAU) und der BERECHNETEN WERTE (ORANGE).

Die Analyse der Residuen (Abbildung 26) zeigt, dass sie keine konstante, gegen Null gehende Variation aufweisen, die in Abhängigkeit von den Emissionen ansteigt, d.h. sie zeigen eine Tendenz, sich zu entfernen, was auf das Vorhandensein von Heteroskedastizität hinweist, d.h. die Verletzung der statistischen Annahme, dass die Varianzen der Fehlerterme gleich sind (HAiR Jr. Et al., 2009).

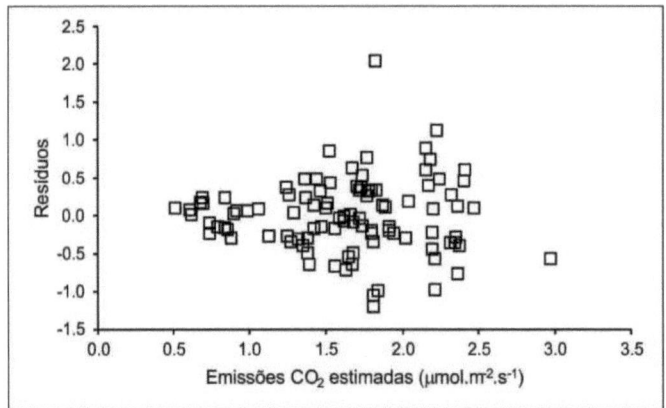

ABBILDUNG 26: ANGEPASSTE WERTE *VERSUS* RESIDUEN. Die VERTEILUNG DER RESIDUEN ZEIGT EINEN ANSTIEG DER DISPERSION MIT DEM ANSTIEG DER EMISSIONEN, was auf HETEROSZEDASTISCHKEIT hindeutet.

Das Vorhandensein von abweichenden Beobachtungen (*Ausreißern*) in den aufgezeichneten Daten bedeutete, dass das auf der multiplen linearen Regression basierende Modell zwei Verstöße gegen statistische Annahmen aufwies, die seine Validierung nicht zuließen.

Um dieses Problem zu korrigieren, wurde die Hubber-White-Standardfehlermethode (GREENE, 2008) mit der Software *Stata* verwendet. Die Ergebnisse sind in Tabelle 10 dargestellt und zeigen, dass die Heteroskedastizität reduziert wurde, während die unabhängige Variable "C/N-Verhältnis" bei 5 % signifikant wurde, während die Variable "Luftfeuchtigkeit" nur bei 10 % signifikant war und die Zeit nicht signifikant blieb.

TABELLE 10: REGRESSION UNTER VERWENDUNG DER ROBUSTEN HUBBER-WHITE-FEHLERMETHODE (GREENDE, 2008).

Anzahl der Beobachter = 98					
F(8, 89)= 25,69					
Wahrscheinlichkeit>F= 0	Wurzel MSE = 0,50581				
R^2 = 0,53					
Variabel	Coef.	Standardfehler	t	P>|t|	(Interv. conf. 95%)
Lufttemp.	-0,64313	0,021435	-3,00	0,003	-0,10690	-0,021720
feucht. Luft	-0,01890	0,009915	-1,91	0,060	-0,03860	0,000799
Boden	0,09957	0,024360	4,09	0,000	-0,05117	0,147972
Umi. Solo	0,03462	0,009724	3,56	0,000	0,01529	0,539382
Druck	0,11100	0,021372	4,25	0,000	0,06853	0,153466
Cod. Ter.	0,89699	0,280551	3,20	0,002	0,33955	1,454443
C/N	0,05652	0,025240	2,24	0,028	0,00637	0,106676
Fahrplan	0,03800	0,024742	1,54	0,128	0,01116	0,087126
Nachteile	-105,1550	19,83159	-5,30	0,000	-144,560	-65,74980

Mit dieser Methode konnten die bei der ersten Regression festgestellten Probleme also nicht ausreichend korrigiert werden, so dass ein drittes Modell, die robuste Regression, entwickelt werden musste (GREENE, 2008). Bei dieser Art von Regression werden *Ausreißer* nicht in die Analyse einbezogen, wodurch die beiden aufgetretenen Probleme, nämlich die Heteroskedastizität und das Vorhandensein von diskrepanten Beobachtungen, gelöst werden können (Abbildung 26). Tabelle 11 zeigt die Ergebnisse dieser Regression, aus denen hervorgeht, dass alle Variablen signifikant wichtig sind (p-Wert < 0,05).

TABELLE 11. ROBUSTE REGRESSIONSERGEBNISSE FÜR DIE BEIDEN GEBIETE.

Anzahl der Beobachter = 98					
F(8, 89)= 15,39					
Wahrscheinlichkeit >F = 0					
Variabel	Coef.	Standardfehler	t	P>|t|	(95% Konfidenzintervall)
Lufttemp.	-0,54158	0,018513	-2,93	0,004	-0,09094	-0,01737
feucht. Luft	-0,01384	0,006923	-2,00	0,049	-0,02759	0,000081
T. Boden	0,078809	0,029246	2,69	0,008	-0,02070	0,136919
Umi. Solo	0,024148	0,007436	3,25	0,002	0,009372	0,038924
Druck	0,117122	0,023540	4,98	0,000	0,070348	0,163897
C. Begriff.	1,093309	0,235959	4,63	0,000	0,624464	1,562155

C/N	0,081705	0,026164	3,12	0,002	0,029717	0,133694
Fahrplan	0,060539	0,025063	2,42	0,018	0,010739	0,110338
Nachteile	-111,238	22,21343	-5,01	0,000	-155,375	-67,10

Es ist zu erkennen, dass diese Regression die Heteroskedastizität verringern konnte (Abbildung 27), wodurch die Verteilung der Rückstände für die höchsten Emissionen reduziert wurde.

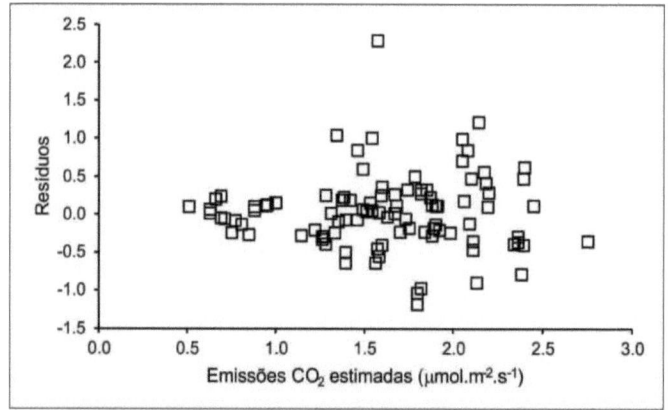

ABBILDUNG 27: BEREINIGTE VS. RESIDUEN FÜR ROBUSTE REGRESSION.

Abbildung 28 zeigt, dass die erstellten Modelle bei allen durchgeführten Regressionen die in Parzelle 15 gemessenen Emissionswerte am genauesten wiedergeben, während in Parzelle 23, die die größte Variabilität der im Feld gemessenen Werte aufweist, keines der Modelle in der Lage ist, die extremen Emissionen (höchste und niedrigste) wiederzugeben.

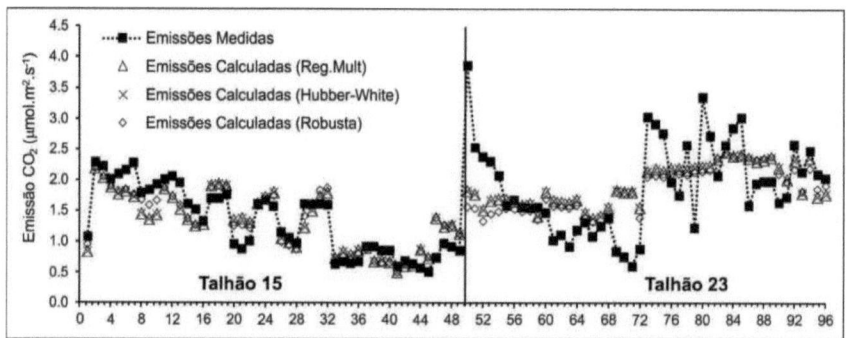

ABBILDUNG 28: VERGLEICHSDIAGRAMM DER BEOBACHTETEN WERTE X REGRESSIONEN (BEOBACHTETE - GEMESSENE Werte, BERECHNETE - MULTIPLE LINEARE REGRESSION, HUBBER-WHITE - HUBBER-WHITE-REGRESSION UND ROBUSTE - ROBUSTE REGRESSION).

Dieser Unterschied zwischen der Fähigkeit zur Vorhersage von Emissionen wird in den Abbildungen 29 bis 31 deutlich, die die Koeffizienten der Beziehung zwischen den gemessenen und den berechneten Werten zeigen, während für alle durchgeführten Messungen der Wert von R^2

$=0,51$, für die Parzelle 15 die lineare Beziehung $R^2 =0,82$ und für die Parzelle 23 $R^2 =0,19$ beträgt.

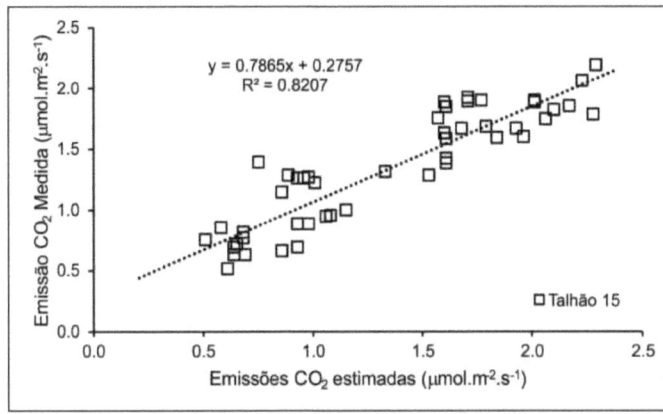

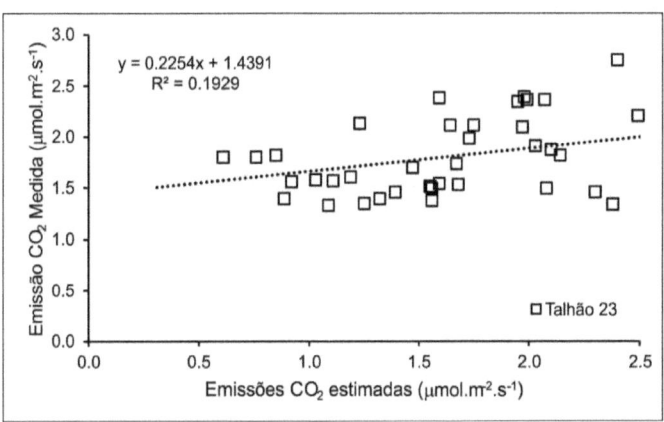

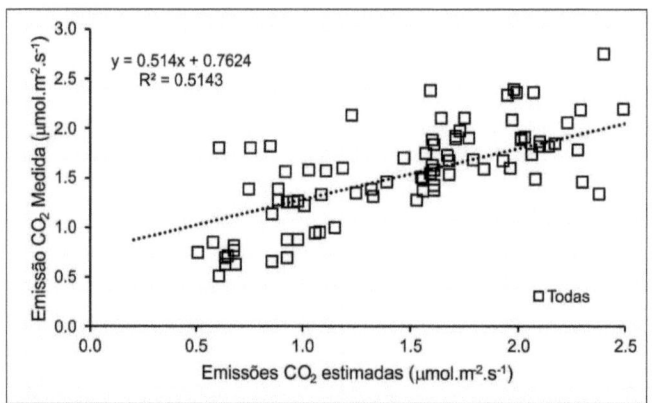

ABBILDUNG 31: VERHÄLTNIS ZWISCHEN BEOBACHTETEN UND DURCH DAS ROBUsTA LYNEAR REGIME VERHINDERTEN EMISSIONEN FÜR ALLE MESSUNGEN.

Bei den ausgewählten unabhängigen Variablen handelt es sich hauptsächlich um klimatische Faktoren wie Temperatur und Luftfeuchtigkeit (Tabellen 2 und 3). Es gibt Hinweise auf einige Faktoren, die für die niedrigeren Atmungswerte in Parzelle 15 ausschlaggebend sind, die aber in diesem Projekt nicht bewertet wurden: der Grad der Beschattung des Bodens durch Grashalm, da dies die Bodenatmungsraten beeinflussen kann, die Menge der Wurzeln, die mit dem Fehlen von Baumindividuen mit einem etablierten Wurzelsystem zusammenhängt, Wind, direkte Sonneneinstrahlung und die physikalische Struktur des Bodens (KUTsH et al., 2010).

6. Abschließende Überlegungen und Schlussfolgerungen

Die Werte der Bodenatmung, die während der Durchführung dieses Projekts aufgezeichnet wurden, reichten von 0,51 μmol CO_2 m s^{-2-1} bis 3,86 μmol CO_2 m s^{-2-1} (Durchschnitt 1,63 μmol CO_2 m s^{-2-1}) (Abbildung 18) und zeigen Werte, die denen ähneln, die in Experimenten im Landesinneren von São Paulo beim Zuckerrohranbau ermittelt wurden (PANOSSSO et al., 2009; BRITO et al., 2010; BICALHO et al., 2014) und niedriger als die Werte, die in Waldgebieten im Amazonasgebiet gemessen wurden (NUNES, 2003; SOTTA et al., 2004; CHAMBERS et al., 2004; TRUMBORE et al., 2006; DIAS, 2006).

In der 2014 aufgeforsteten Parzelle 15 (Abbildung 7) wurde eine durchschnittliche Emission von 1,38 μmol CO_2 m s^{-2-1} gemessen. Diese Parzelle wurde von Anfang des 20. Jahrhunderts bis 2003 mit Eukalyptus bepflanzt, dann wurde sie zehn Jahre lang aufgegeben und hauptsächlich mit Grasarten bepflanzt, Sie wurde in diesem Jahr wieder aufgeforstet und weist Bedingungen auf, die eher denen einer Zuckerrohranbaufläche als denen eines Waldes entsprechen, was auf das kürzlich ausgetrocknete Grasstroh auf dem Boden und den Maschinenverkehr während der Ernte der verschiedenen Eukalyptuszyklen zurückzuführen ist.

Die 1918 aufgeforstete Parzelle 23 (Abbildung 8) wies eine durchschnittliche Emission von 1,92 μmol CO_2 m s^{-2-1} (Abbildung 18) auf und befindet sich in einem fortgeschrittenen Stadium der Regeneration mit einem dichten Unterholz, etablierten Bäumen im Kronendach und wiederhergestellten ökologischen Funktionen.

Die durchschnittliche Bodenatmung in Parzelle 23 (1,92 μmol CO_2 m s^{-2-1}) war um 31,25 % höher als die durchschnittliche Atmung in Parzelle 15 (1,38 μmol CO_2 m s^{-2-1}). Dieser Unterschied entspricht dem Wert, den einige Autoren der "autotrophen" Atmung zuschreiben, nämlich Werte zwischen 40-70 % (HANSON et al., 2000; BOND-LAMBERTY et al., 2004; SUBKE et al., 2006). Nach Davidson et al. (2002) sollten die Unterschiede in den Emissionen bei gleichen Boden- und Klimabedingungen auf die Vegetation zurückgeführt werden. In Anbetracht der damit verbundenen Unsicherheiten sowie der Anzahl der nicht gemessenen Variablen ist es jedoch unmöglich, deren Beitrag eindeutig zu bestimmen.

Die CO_2-Emissionen zeigten eine signifikante negative Korrelation mit der Lufttemperatur, während eine positive Korrelation zu erwarten wäre (RAICH & SCHLESINGER, 1992). Dies könnte damit zusammenhängen, dass bei hohen Temperaturen die mikrobielle Aktivität reduziert wird (KANG et al., 2003) und dass während des Erhebungszeitraums keine niedrigen Temperaturen aufgezeichnet wurden, andererseits aber hohe Lufttemperaturen beobachtet wurden, Extremwerte von bis zu 50°C, insbesondere in Parzelle 15 (Abbildung 7).

Die Bodentemperatur zeigte keine signifikante Korrelation mit den Emissionen, wie dies auch von anderen Autoren im Bundesstaat Sao Paulo beobachtet wurde (BICALHO et al., 2014). Dies kann auf die geringen Temperaturschwankungen während des Erhebungszeitraums zurückgeführt werden, da die Parzelle 15 (Abbildung) durch Stroh- und Grasarten geschützt ist, während die Parzelle 23 (Abbildung 8) durch das Walddach geschützt ist, wodurch die Bodentemperatur in beiden Waldformationen stabil bleibt.

Die Bodenfeuchtigkeit zeigte eine signifikante Korrelation mit der Bodenatmung, eine Korrelation, die auch von anderen Autoren wie Dias (2006) und Shi et al. (2014) beobachtet wurde, die die Tatsache begründeten, dass die mikrobielle Aktivität durch die Feuchtigkeit reguliert wird, und zwar aufgrund der chemischen Reaktionen bei der Zersetzung von M.O. (KANG et al., 2003).

Die Wärmeleitfähigkeit zeigte eine signifikante positive Korrelation mit der CO_2-Emission, insbesondere in Parzelle 15. Diese Korrelation zwischen den thermischen Eigenschaften des Bodens und der Atmung wurde bereits in spezifischen Studien nachgewiesen (NKONGOLO et al., 2010).

Die Luftfeuchtigkeit zeigte eine signifikante positive Korrelation mit der Bodenatmung, insbesondere in Parzelle 23, die im Vergleich zu Parzelle 15 mildere Temperaturen aufweist. Diese Korrelation wurde nicht erwartet, da in gemäßigten Klimazonen eine negative Korrelation zwischen den Variablen beobachtet wurde (BILANDZIJA et al., 2014).

Der Zeitpunkt der Erfassung zeigte eine signifikante Korrelation mit der Variable Bodenatmung, insbesondere in Parzelle 15, und erwies sich als eine der unabhängigen Variablen, die für die Vorhersage der CO_2-Emissionen verwendet werden sollten, wobei ein wichtiges Merkmal die Leichtigkeit ist, mit der die Informationen erfasst werden können. Nach Singh und Gupta (1978) lassen sich die täglichen CO_2-Schwankungen durch Temperaturschwankungen erklären, die je nach Tageszeit variieren. Andererseits ist festzustellen, dass die Tageszeit mit mehreren der im Rahmen des Projekts gemessenen Variablen korreliert.

Bekanntlich ist die Messung der CO_2-Emissionen des Bodens von teuren Geräten abhängig. Die an der Physikabteilung der Unesp in Rio Claro (MORENO, 2012) entwickelte Ausrüstung erwies sich als praktikable Alternative zu geringeren Kosten, die ähnliche Werte für die Bodenatmung wie andere im Bundesstaat Sao Paulo durchgeführte Projekte (PANOSSO et al., 2009; BRITO et al., 2010; BICALHO et al., 2014), und signifikante Korrelationen mit den in der Fachliteratur vorgeschlagenen Umweltvariablen (LLOYD AND TAYLOR, 1994; DAVIDSON et al., 1998; EPRON et al., 2006; OHASHI AND GYOKUSEN, 2007; NKONGOLO et al., 2010; ALLAIRE et al., 2012), was ihre Wirksamkeit beweist.

Eine Analyse der Korrelationen zwischen den unabhängigen Variablen und den CO_2-Emissionen zeigt, dass keine dieser Variablen in der Lage ist, die Bodenatmung zufriedenstellend vorherzusagen. Die Annahme, dass die Bodenatmung durch lineare Beziehungen dargestellt werden kann, wird in der Literatur nicht unterstützt, selbst wenn verschiedene Parameter einbezogen werden (REICHSTEIN et al., 2002; 2005; DAVIDSON et al., 2006). Dies liegt möglicherweise an der Anzahl der Faktoren, die die Emissionen beeinflussen, und an der Schwierigkeit der Vorhersage von Extremdaten.

Die Anwendung statistischer Methoden wie der robusten multiplen linearen Regression erwies sich jedoch als effizient bei der Vorhersage von Emissionen aus neu bewaldeten Gebieten, was sich durch das Vorhandensein von Multikollinearität erklären lässt (Tabellen 6 und 7). Beispielsweise ist die Wärmeleitfähigkeit des Bodens eine Funktion der Luftfeuchtigkeit, so dass sie in diesem Fall eine Ko-Variable darstellt. Es wurde festgestellt, dass es in den aufgezeichneten Daten abweichende Beobachtungen (*Ausreißer*) gibt, die zwei Verstöße gegen statistische Annahmen darstellen, die eine Validierung nicht zulassen würden.

In einem Versuch, die Gleichung zu korrigieren, erstellten Castellano et al. (2017) multiple lineare Regressionsmodelle für die 1918 und 2014 bepflanzten Flächen mit einer geringeren Anzahl von Zufallsvariablen, die nur Lufttemperatur und -feuchtigkeit, Luftdruck, C/N-Verhältnis und Bodenfeuchtigkeit berücksichtigten. Die mehrfache Korrelation unter Berücksichtigung der Lufttemperatur zeigte bessere Ergebnisse als diejenige unter Berücksichtigung der Bodentemperatur mit einer der Variablen.

DANKSAGUNGEN

Die Autoren danken dem CAPES für die Gewährung eines Masterstipendiums an den Erstautor, der FAPESP für das Projekt 00241-5/2012, dem Fachbereich Physik der UNESP/Rio Claro für seine logistische Unterstützung und den Forschern, die an dem Projekt mitgearbeitet haben: André Moraes Dejuste, Flavio Henrique Rodrigues, Leandro Xavier, Amauri Antônio Mengário, Sâmia Maria Tauk Tornisielo.

7. BIBLIOGRAPHISCHE REFERENZEN

AYRES, et al. *BIOSTAT 5.0.* Belém: MCT - CNPq, 2007.

ALEXANDER, M. *Introducción a laMicrobiologia delSuelo.* Mexiko: AGT Editor, 1980, 491 S.

ALLAIRE, S. E. et al. Multiscale spatial variability of CO2 emissions and correlations with physico-chemical soil properties. *Geoderma,* Amisterdam, n. 170, S. 251-260, 2012.

BAYER, C. *Dynamik der organischen Substanz im Boden in Bodenbewirtschaftungssystemen.* 1996. 240 f. Dissertation (Doktorat in Agronomie) - Bundesuniversität von Rio Grande do Sul, 1996.

BAYER, C. et al. Tillage and cropping system effects on soil humic acid characteristics as determined by electron spin resonance and fluorescence spectroscopies. *Geoderma,* Amsterdam, n. 105, S. 81-92, 2002.

BAYER, C. et al. Carbon sequestration in two Brazilian Cerrado soils under no-till. *Soil Tillage Research,* Amsterdam, Nr. 86, S. 237-245, 2006.

BAYER, C. et al. Bodenkohlenstoffstabilisierung und Minderung von Treibhausgasemissionen in der konservierenden Landwirtschaft. In: KLAUBERG FILHO O.; MAFRA, A.L.; GATIBONI L.C. (ed.). *Tópicos em ciência do solo.* Viçosa: SBCS, 2011. p. 55-118.

BILANDZIJA, D.; ZGORELEC, Z.; KISIE, I. The Influence of Agroclimatic Factors on Soil CO2Emissions. *Collegium Antropologicum,* n. 38, S. 77-83, 2014.

BISCALHO, E.S. et al. Spatial variability structure of soil CO2 emission and soil attributes in a sugarcane area. *Agriculture Ecosystems & Environment,* Amsterdam, n. 189, S. 206-215, 2014.

BOLINDER, M. A.; ANGERS, D.A.; GIROUX, M. & LAVERDIERE, M.R. Estimating C inputs retained as soil organic matter from corn (Zea mays L.). *Plant Soil,* Nr. 215, S. 85-91, 1999.

BOND-LAMBERTY, B.; WANG, C. K.; GOWER, S. T. A global relationship between the heterotrophic and autotrophic components of soil respiration? *Global Change Biology,* Nr. 10, S. 1756-66, 2004.

BRITO, L.F. et al. Boden-CO2-Emissionen von Zuckerrohrfeldern in Abhängigkeit von der Topographie. *Scientia Agricola,* Piracicaba, n. 66, S. 77-83, .2009.

BRITO, L.F. et al. Spatial variability of soil CO2 emission of sugarcane field in different topography positions. *Bragantia,* Campinas, n. 69, S. 10-27, 2010.

CALIJURI, C. C.; CUNHA, D.G.F.; MOCCELIN, J. Ökologische Grundlagen und natürliche Kreisläufe. In: CALIJURI, C.C.; CUNHA, D.G.F. *Environmental Engineering Concepts,*

Technology and Management. Rio de Janeiro: Elsiever, 2013. S. 131-154.

CAMPANILI, M; SCHAFFER, W. B. (Org.). *Mata Atlàntica: Nationales Erbe der Brasilianer (Biodiversität 34).* Brasilia: Ministerium für Umwelt, 2010. p. 1-408.

CARDOSO, E.L. et al. Carbon and nitrogen stocks in soil under native forests and pastures in the pantanal biome. *Pesquisa agropecuària brasileira,* Brasilia, v. 45, n. 9, S. 1028-1035, 2010.

CASTELLANO, G. R. *Soil CO2 Emission in Restoration Areas in the Atlantic Forest.* 2015. 88 f. Dissertation (Master-Abschluss in Geowissenschaften und Umwelt). Institut für Geowissenschaften und exakte WissenschaftenZUniversidade Estadual Paulista, Rio Claro, 2015.

CASTELLANO, G. R. et al. Quantifizierung der CO2-Emissionen des Bodens in zwei Waldgebieten in unterschiedlichen Regenerationsstadien im Atlantischen Wald. *Quimica Nova,* Sao Paulo, v.40, n.4, 2017

CHAMBERS, J. Q. et al. Respiration from a tropical forest ecosystem: portioning of sourcers and low carbon use efficiency. *Ecological Applications,* Washington, v.14, S. 72-88, 2004.

CHICOTA, R. *Feldbewertung eines segmentierten TDR zur Bestimmung der Bodenfeuchte.* 2003. 100 f. Dissertation (Master's Degree in Agronomie) - Universität São Paulo Luiz de Queiroz School of Agriculture, Piracicaba, 2003.

CHUNG, H.; GROVE, J.H.; SIX, J. Indications for soil carbon saturation in a temperate agroecosystem. *Soil Science Society American Journal, Madison,* v. 72, S.1132-1139, 2008.

DAVIDSON, E.A.; JANSSENS, I.A.; LUO, Y.Q. Über die Variabilität der Atmung in terrestrischen Ökosystemen: ein Blick über Q10 hinaus. *Global Change Biology,* v. 12, 154-164, 2006.

DAVIDSON, E. A. et al. Belowground carbon allocation in forest estimated from literfall and IRGA-based soil respiration measurements. *Agricultural and Forest Meteorology,* San Andreans, v. 113, S. 39-41, 2002.

DAVIDSON, E. A; BELK, E.; BOONE, R. D. Soil water content and temperature as independent or confounded factors controlling soil respiration in a temperature mixed hardwood forest. *Global Change Biology,* Nr. 4, S. 217-227. 1998.

DENEF, K.; SIX, J. Contributions of incorporated residue and living roots to aggregate-associated and microbial carbon in two soils with different clay mineralogy. *European Journal of Soil Science,* Nr. 57, S. 774-786, 2006.

DENMANM, K.L. et al. Couplings Between Changes in the Climate System and Biogeochemistry. In: SOLOMON, S. et al. (eds) *Climate Change 2007*: The Physical Science Basis. Beitrag der

Arbeitsgruppe I zum Vierten Sachstandsbericht des Zwischenstaatlichen Ausschusses für Klimaänderungen. UK und USA: Universität Cambridge, 2007

DIAS, J. D. *CO2-Flüsse aus der Bodenatmung in Gebieten mit Urwald in Amazonien.* 2006. 87 f. Dissertation (Master's Degree - Ökologie von Agrarökosystemen) - Universität São Paulo Luiz de Queiroz School of Agriculture. Piracicaba, 2006.

DIXON, R.K. et al. Carbon pools and flux of global forest ecosystems. *Science,* New York, V. 263, S. 185-190, 1994.

DUAH-YENTUMI, S.; RONN, R., CHRISTENSES, S. Nutrients limiting microbial growth in a tropical forest soil of Ghana under different management. *AppliedSoilEcology,* Amsterdam, v. 8, S. 19-24. 1998.

SÂO PAULO (Staat). Abteilung für Umwelt. *Edmundo Navarro de Andrade State Forest Management Plan.* CD ROOM: Forstwirtschaftliches Institut, 2005.

ZWISCHENSTAATLICHER AUSSCHUSS FÜR KLIMAÄNDERUNGEN. *Die wissenschaftlichen Grundlagen - 2001.* Verfügbar unter http://www.ipcc.ch/ipccreports/tar/wg1/. Abgerufen am 03. August 2014.

ZWISCHENSTAATLICHER AUSSCHUSS FÜR KLIMAÄNDERUNGEN. *Klimaänderung 2001: Auswirkungen, Anpassung und Anfälligkeit. Beitrag der Arbeitsgruppe II zum dritten Sachstandsbericht des Zwischenstaatlichen Ausschusses für Klimaänderungen.* UK und USA: Cambridge University Press, 2001.

EMBRAPA. Nationales Bodenforschungszentrum. *Brazilian Soil Classification System.* 2 ed. Rio de Janeiro: Embrapa SPI, 2006. p. 306.

EPRON, D. et al. Soil CO_2 efflux in a beech forest: dependence on soil temperature and soil water content. *Annals of Forest Science,* Paris, v. 56, S. 221-6, 1999.

EPRON, D. et al. Spatial variation of soil respiration across a topographic gradient in a tropical rain forest in French Guiana. *Journal of Tropical Ecology,* Aberdeen, v. 22, S. 565-474, 2006.

FANG, C. et al. Soil CO_2efflux and its special variation in a Florida slash pine plantation. *Plant Soil,* v. 205, S. 135-146, 1998.

FAO - ERNÄHRUNGS- UND LANDWIRTSCHAFTSORGANISATION DER VEREINTEN NATIONEN. Der *Zustand der Wälder der Welt 2001.* Rom: Ernährungs- und Landwirtschaftsorganisation. 2001. S. 181.

FERNANDES, T. J. G. *Contribution of reduced emission certificates (cers) to the economic viability of heveiculture.* 2003. 82 f. Dissertation (Doktorat in Forstwissenschaften)

Bundesuniversität Viçosa, Viçosa. 2003.

FORSTER, H.W.; MELLO, A. C. G. Aerial root biomass in heterogene Wiederaufforstungsbäume im Paranapanema-Tal, SP. *Instituto Florestal - Série Registro*, Sao Paulo, n.31, S. 153-157, 2007.

FUENTES, J. P. et al. Microbial activity affected by lime in a long-term no-till soil. *Tillage Research*, Amsterdam, n. 88, S. 123- 131, 2006.

GALE, W.J.; CAMBARDELLA, C.A.; BAILEY, T.B. Surface residue and root-derived carbonin stable and unstable aggregates. *Soil Science Society of American Journal*, Nr. 64, S. 196-201, 2000.

GARDNER, W.H. Wassergehalt. In: KLUTE, A. (Ed.) *Methods of soil analysis I*: Physical and mineralogical methods. Madison: Soil Science Society of America, 1986. p. 493-544.

GARZELLA T. P. *Automatisierung und Einsatz von Schnelllesegeräten in einem Bewässerungsmanagementprogramm*. 2011. 99 f Dissertation (Doktorat) - Universität von Sao Paulo/Schule für Landwirtschaft Luiz de Queiroz. 2011.

GRACE, J. Kohlenstoffkreislauf. In: Simon Levin (Ed). *Encyclopedia of Biodiversity*, New York: Academic Press, 2001. p 69-629. v 1.

GREENE, W. H., *Econometric Analysys*. 6. Aufl. New Jersey: Prentice Hall, 2008. 1178 p.

GREGORICH, E.G.; ELLERT, B.H.; MONREAL, C.M. Turnover of soil organic matter and storage of corn residue carbon estimated from natural[13] C abundance. *Canadian Journal of Soil Science*, Nr. 75, S. 161-167, 1995.

GOLCHIN, A. et al. Soil structure and carbon cycling. *Australian Journal of Soil Research*, Victoria, Nr. 32, S. 1043-1068, 1994.

HAIR JR., J. F.; ANDERSON, R. E.; TATHAM, R. L.; BLACK, W. C. *Multivariate Datenanalyse*. 5. Auflage. Porto Alegre: Bookman, 2005. 688 p.

HANSON, P. J. et al. Separating root and soil microbial contributions to soil respiration: a review of methods and observations. *Biogeochemistry*, Oregon, Nr. 48, S. 115-46, 2000.

HASSINK, J. Die Fähigkeit von Böden, organischen C und N durch ihre Verbindung mit Ton- und Schlickpartikeln zu bewahren. *Plant Soil*, Nr. 191, S. 77-87, 1997.

HOGBERG, P.; NORDGREN, A.; BUCHMANN, N. Large-scale forest girdling shows that current photosynthesis drives soil respiration. *Nature*, Nr. 411, S. 789-92, 2001.

HORA R, C.; PRIMAVESI. O.; SOARES J.J. Contribution of liana leaves to litter production in a semideciduous seasonal forest fragment in Sao Carlos, SP. *Revista Brasileira de Botânica*, v.31, n.2, S.277-285, 2008.

JENKINSON, D.S. Organische Substanz im Boden: Entwicklung. In: TERRON, P.U.; ROJO, C. (Ed) *Bodenbedingungen und Pflanzenentwicklung nach Russell*. Madrid: Mundi Prensa, 1992. 500 p.

KANG, S. Y. et al. Topographic and climatic controls on soil respiration in six temperate mixed-hardwood forest slopes. Korea. *Global change Biology*, Oxon, v.9, n. 10, S. 1427-1437, 2003.

KELLER, M.; KAPLAN, W. A.; WOFSY, S. C. Emission von N2O, CH4 und CO2 aus tropischen Waldböden. *Journal of Geophysical Research Atmospheres*, Washington, v.91, n.11, p.17911802, 1986.

KHOMIK, M.; ARAIN, M.A.; McCAUGHEY, J. H.; Zeitliche und spezielle Variabilität der Bodenatmung in einem borealen Mischwald. *Land- und Forstmeteorologie*, Amsterdam, Nr. 44, S. 244-256, 2006.

KJELDAHL, J. *Neue Methode zur Bestimmung des Stickstoffs in organischen Körpern*, Z. Anal. Chem., v. 22, S. 366-382, 1883.

KLUTHCOUSKI, J.; AIDAR, H. Implementation, management and results obtained with the santa fé system. In: KLUTHCOUSKI, J.; STONE, L.F.; AIDAR, H. (Org.) *Crop-livestock integration*. Santo Antônio de Goiàs: Embrapa Arroz e Feijao, 2003. p.407-459.

KLUTHCOUSKI, J.; STONE, L.F. Performance of annual crops on Brachiaria straw. In: KLUTHCOUSKI, J.; STONE, L.F.; AIDAR, H. (eds). *Integration von Landwirtschaft und Viehzucht*. Santo Antônio de Goiàs: Embrapa Arroz e Feijao, 2003. p.500-522.

KOGEL-KNABNER, I. Analytische Ansätze zur Charakterisierung der organischen Bodensubstanz. *Org. Geochem.*, Nr. 31, S. 609-625, 2000.

KUNTORO, A.; WAHYU, A. The Effect of Deforestation on Regional Terrestrial Carbon Balance: A Case Study of Borneo Island. *Zeitschrift für internationale Entwicklung und Zusammenarbeit*, Japan, V. 15, S. 141-165, 2009.

KUTSCH. W. L.; BANH, M.; HEINEMEYER, A. *Soil Carbon Dynamic: an integrated methodology*. Vereinigtes Königreich: Cambridge University Press, 2010, 298 S.

LA SCALA, Jr. N; PANOSSO A.R; PEREIRA G.T. Modelling short-term temporal changes of bare soil CO2 emissions in a tropical agrosystem by using meteorological data. *Applied Soil Ecology*, v. 24, Amsterdam, S. 113-116, 2003.

LA SCALA, Jr. N. et al. Short term temporal changes in the spatial variability model of CO emissions from a Brasilian bare soil. *Soil Biology & Biochemistry*, Oxford, v.32, n.10, p. 14591462, 2000.

LEÓDIDO L.M. *Entwicklung von Methoden und Mitteln zur dynamischen Kalibrierung von Treibhausgas-Messwertgebern.* 2006. 106 f. Dissertation (Master's Degree) - Technische Fakultät/Universität von Brasilia - DF, Brasilia. 2006.

LI, Y.; LINDDSTROM, M.J. Evaluating soil quality-soil redistribution relationship on terraces and sep hillslope. *Soil Science Amstendars Journal.* v. 65, p. 1500 - 1508, 2001.

LLOYD, J.; TAYLOR, A. On the temperature dependence of soil respiration functional. *Ökologie*, Oxford, v.8, n.3 S. 315-323, 1994.

LOVATO, T. et al. Carbon and nitrogen addition and its relationship with soil stocks and maize yield in management systems. *Revista Brasileira de Ciências do Solo*, n. 28, S.175-187, 2004.

MACHADO, F.B.; NARDY, A.J.R.; OLIVEIRA, M.A.F. Geology and petrological aspects of the Mesozoic intrusive rocks of the eastern edge of the Paranà Basin in the state of Sao Paulo. *Revista Brasileira de Geociências*, n. 37, S.64-80, 2007.

MCDOWELL, N.G. et al. Estimating CO_2 flux from snow packs at three sites in the Rock Mountains. *Tree Physiology*, Nr. 20, S. 745-753, 2000.

MONTEIRO, C.A.F. - *Climate Dynamics and Rainfall in the State of São Paulo (Geographical Study in Atlas Form).* Institut für Geographie, USP, 1973.

MOREIRA R. M.; SILVA A. U. Leaf litter production and reforested area. *Revista Arvore,* Viçosa, v.28, n.1, S.49-59, 2004.

MORENO, L.X. *Entwicklung eines Systems zur Analyse des CO2-Flusses im Boden mit Hilfe der Adsorptionsmethode durch Infrarotstrahlung.* 2012. 82 f. Dissertation (Master) - Institut für Geowissenschaften und Exakte Wissenschaften/ "Julio de Mesquita Filho" Paulista State University, Rio Claro. 2012.

NCONGOLO, V. K. et al. Greenhouse gas fluxes and soil thermal properties in a pasture in central Missouri. *Zeitschrift für Umweltwissenschaften*, v. 22(7), S. 1029-1039.

NICOLOSO, R.S. *Mechanismen der Stabilisierung von organischem Kohlenstoff im Boden in gemäßigten und subtropischen Agrarökosystemen.* 2009. 108 f. Dissertation (Doktorat) - Bundesuniversität von Santa Maria, Santa Maria. 2009.

NUNES, P. C. *Influence of soil CO_2 efflux on forage production in an extensive pasture and an agrosilvopastoral system.* 2003. 68 f. Dissertation (Master in tropischen Agrarwissenschaften) - Fakultät für Agronomie und Veterinärmedizin/ Bundesuniversität von Mato Grosso, Cuiabà. 2003.

OADES, J.M.; GILLMAN, G.P.; UEHARA, G. Interactions of soil organic matter and variablecharge clays. In: COLEMAN, D.C.; OADES, J.M. & UEHARA, G. (Org.) *Dynamics of soil organic matter in tropical ecosystems.* Honolulu: Hawaii Press, 1989. p.69-95.

OADES, J.M.; WATERS, A.G. Aggregate Hierarchy in Soils. *Australian Journal of Soil Research,* Collingwood, v. 29, p.815-828, 1991.

ODUM , E. P. Die Strategie der Ökosystementwicklung. *Science,* n. 164, 262-70. 1969.

OHASHI, M., GYOKUSEN, K. Temporal chance in spatial variability of soil respiration on a slope of Japanese cedar (*Cryptomeria japonica* D. Don) forest. *Soil Biology and Biochemistry,* Oxford, Nr. 39, S. 1130- 1138, 2007.

PANOSSO, A.R. et al. Spatial and temporal variability of soil CO_2 emission in a sugarcane area under green and slash-and-burn managements. *Soil Tillage Research,* Amsterdam, n. 105, S. 275-282, 2009.

PANOSSO, A. R. et al. Soil CO_2 emission and its relation to soil properties in sugar cane areas under Slash-and-burn and Green Harvest. *Soil Tillage Research,* Amsterdam, n. 111, S. 190196, 2011.

PEIXOTO, M.F.S. *Physikalische, chemische und biologische Eigenschaften als Indikatoren für die Bodenqualität,* 2008.

PENTEADO, M.M.A. Tektonische Implikationen bei der Entstehung der Cuestas des Rio Claro Beckens (SP). In:(Org.)*Noticia Geomorfológica.* Campinas, Bd. 15, Nr. 8, S. 19-41, 1968.

PENTEADO, M.M.A. Geomorphologische Studie der städtischen Website von Rio Claro. In:(Org.) *Noticia Geomorfológica,* Campinas, n.° 42, S. 23-56, 1981.

PRIWITZER, T.; CAPULIAK, J.; BOSELA, M.; SCHWARS, M. Preliminary results of soil respiration in beech, spruce and grassy stands. *Lesnicky casopis - Forstliche Zeitschrift,* Bratislava, n.59 (3), S. 189-196, 2013.

REICHSTEIN, et al. Ecosystem respiration in two Mediterranean evergreen Holm Oak forests: drought effects and decomposition dynamics. *Functional Ecology,* v.16, S. 27-39, 2006.

REICHSTEIN, et al. On the separation of net ecosystem exchange into assimilation and ecosystem respiration: review and improved algorithm. *Global Change Biology,* v.11, S. 14241439, 2005.

RAICH, J. W; SCHLESINGER, W. H. The global carbon dioxide flux in soil respiration relationship to vegetation and climate. *Tellus,* Kopenhagen, Nr. 44, S. 81-99, 1992.

RODRIGUES R. R. The vegetation of Piracicaba and the surrounding municipalities. *Circular tècnica IPEF,* Piracicaba, n. 189, S. 1-17, 1999.

ROSS, S. *Soil processes a systematic approach.* New York: Routledge, 1989, 444 S.

SABINE, C.L. et al. The oceanic sink for anthropogenic CO2, *Science,* V. 305, S. 367-371, 2004.

SABINO, C. V.; LAGE, V. L.; ALMEIDA, K. C. B. Use of robust statistical methods in environmental analysis. *Eng Sanit Ambiental*, Sonderausgabe, S. 87-94, 2014.

SÂO PAULO (Staat). Staatssekretariat für Umwelt - Biota-Projekt - Sao Paulo. *Probio,* 1998.

SCHLESINGER, W. H. *Biogeochemistry: analysis of global change.* 2. ed. Oxon: Academic Press, 1997. 234 p.

SCHINDLBACHER, A. et al. Winter Soil respiration from an Austrian mountain forest. *Agricultural And Forest Metereology*, Amsterdam, n. 146, S. 205-215, 2007.

SHI W. Y. et al. Soil CO_2emissions from five different types of land use on the semiarid Loess Plateau of China, with emphasis on the contribution of winter soil respiration. *Atmospheric Environment,* n.88, S.74-82, 2014.

SINGH, J. S.; GUPTA, S. R. Plant decomposition and soil respiration in terrestrial ecosystems. *Botanical Review*, New York, v.43, n.4, p.499-528, 1977.

SIX, J. et al. Stabilisierungsmechanismen der organischen Bodensubstanz: Auswirkungen auf die C-Sättigung der Böden. *Plant Soil,* Nr. 241, S. 155-176, 2002.

SOTTA, E. D. CO_2-Fluss *zwischen Boden und Atmosphäre in einem tropischen Regenwald in Zentralamazonien.* 1998. 150 f. Dissertation (Master's Degree in Forstwissenschaften) - Nationales Institut für Amazonasforschung, Manaus. 1998.

SOTTA, E. F. et al. Soil CO_2 efflux in a tropical forest in the central Amazon. *Global Change Biology*, Oxford, v.10, n.5, S. 601-617, 2004.

SIQUEIRA, J.O.; FRANCO, A.A. *Biotecnologia do solo: fundamentos e perspectivas.* Brasilia: MEC/ABEAS; Lavras: ESAL/FAEPE, 1988. 236 S.

STEWART, C.E. et al. Soil C saturation: linking concept and measurable C pools. *Soil Science Society of American Journal*, Nr. 72, S. 379-392, 2008

STEWART, C.E. et al. Soil carbon saturation: Implications for measurable carbon pool dynamics in long-term incubations. *Soil Biology & Biochemistry,* Oxford, n.41, S. 357-366, 2009.

SUBKE, J. A.; INGLIMA, I.; COTRUFO, M. F. Trends and methodological impacts in soil CO2 efflux partitioning: a meta-analytical review. *Global Change Biology*, Nr. 12, S. 921-43, 2006.

TEIXEIRA, D.D.B. et al. Spatial variability of soil CO_2 emission in a sugarcane area characterised by secondary information. *Scientia Agricola,* Piracicaba, n. 70, S. 195-203, 2013.

THORNTWAITE, C.W.; MATHER, J.R. *The water balance.* Centerton, N.J.: Das Labor für Klimatologie, 1981, 104 S.

TISDALL, J.M.; OADES, J.M. Organische Substanz und wasserstabile Aggregate in Böden. *Journal of Soil Science*, Nr. 33, S. 141-163, 1982.

TRUMBORE, S.E. et al. Seasonal variation in the soil respiration rate in coniferous forest soils. *Soils Biology & Biochemistry*, Oxford, v. 34, n.9, S. 1375-1379, 2002.

URQUIAGA, S. et al. Variations in carbon stocks and greenhouse gas emissions in soils of the tropical and subtropical regions of Brazil: A critical analysis. *Informe Agronomico*, n. 130, S.12-21, 2010.

RAZAFIMBELO, T.M. et al. Aggregate associated-C and physical protection in a tropical clayey soil under Malagasy conventional and no-tillage systems. *Soil & Tillage Research*, Nr. 98, S. 140-149, 2008.

VAN BAVEL, C. H. M. A soil aeration theory based on diffusion, *Soil Science,* n.72, S. 3346, 1951

VAN BAVEL, C. H. M. Gase Diffusion und Porosität in porösen Medien. *Soil Science*, Nr. 73, S. 91-104, 1952.

VELOSO, H. P.; RANGEL FILHO, A. L. R.; LIMA, J. C. A. *Classification of Brazilian vegetation adapted to a universal system.* Rio de Janeiro: IBGE (Abteilung für natürliche Ressourcen und Umweltstudien), 1991. 124 p.

VESTERDAK, L. et al. Carbon and nitrogen in forest floor and mineral soil under six common European tree species. *Forest Ecology and Management*, n.255, S. 78-83, 2008.

WATSON, T.R.; NOBLE, R.I.; BOLIN, B.; RAVINDRANATH, N.H.; VERARDO, J.D.; DOKEN, J.D. *Land Use, Land Use Change, and Forestry.* Ein Sonderbericht. Zwischenstaatliche Sachverständigengruppe für Klimaänderungen (Intergovernmental Panel on Climate Change). Cambridge, Vereinigtes Königreich, Cambridge University Press. 2000.

YEOMANS, J.C. & BREMNER, J.M. Eine schnelle und präzise Methode zur routinemäßigen Bestimmung von organischem Kohlenstoff im Boden. *Comm. Soil Sci. Plant Anal.*, 19:1467-1476, 1988.

ZALAMENA, J. *Auswirkungen der Landnutzung auf die chemischen und physikalischen Eigenschaften der Böden am Rande der Hochebene - RS.* 2008. 79p. Dissertation (Master-Abschluss in Bodenwissenschaften). Universität von Santa Maria - RS, Santa Maria, 2008.

ANHANG 01 - Daten zur Vorbereitung der multiplen linearen Regression

Maßnahme	Fahrplan	Ausgabe	Umi. Luft (°C)	Lufttemp. Luft (°C)	P (hPa)	Atmfeucht. Boden (%)	Bodentemp. Boden (°C)	Cond. Tèrni, $W*n\Gamma^{-1} K^{-1}$	C/N
1	8,41	1,08	54	23,7	940,2	26,0	18,31	0,63	10,14
2	9,55	2,29	41	24,8	940,8	40,9	19,76	1,06	10,63
3	9,65	2,23	41	27,3	940,8	40,9	19,76	1,06	10,63
4	9,75	2,01	29	33,3	940,8	40,9	19,76	1,06	10,63
5	10,3	2,10	33	30,2	940,8	37,7	19,41	0,97	10,27
6	10,41	2,17	35	28,5	940,5	37,7	19,41	0,97	10,27
7	10,22	2,28	35	29,7	940,5	37,7	19,41	0,97	10,27
8	10,98	1,79	24	35,8	940,1	22,8	21,82	1,07	11,94
9	11,04	1,84	22	37,2	939,7	22,8	21,82	1,07	11,94
10	11,23	1,93	24	35,5	939,7	22,8	21,82	1,07	11,94
11	14,66	2,01	15	43,4	940,8	21,6	33,02	0,41	12,63
12	14,8	2,06	12	46,2	940,5	21,6	33,02	0,41	12,63
13	14,93	1,96	15	48,3	940,5	21,6	33,02	0,41	12,63
14	16,06	1,61	13	36,3	934,6	31,9	23,45	0,92	8,57
15	16,21	1,53	13	36,6	933,8	31,9	23,45	0,92	8,57
16	16,33	1,33	13	36,6	934	31,9	23,45	0,92	8,57
17	16,95	1,71	21	32	934,2	40,9	23,49	0,96	10,01
18	17,06	1,71	23	31,1	934,2	40,9	23,49	0,96	10,01
19	17,18	1,77	26	30,8	934,2	40,9	23,49	0,96	10,01
20	14,2	0,96	13	45,3	932,4	46,2	25,735	0,96	10,63
21	14,3	0,89	13	45,4	932,4	47,2	25,735	0,96	10,63
22	14,41	1,01	12	46,9	932,2	48,2	25,735	0,96	10,63
23	14,85	1,61	11	47,5	931,5	29,5	35,295	0,86	13,63
24	14,95	1,68	12	46,9	931,9	30,5	35,295	0,86	13,63
25	15,1	1,57	12	46,2	931,9	31,5	35,295	0,86	13,63
26	15,21	1,15	14	44,3	931,9	33,2	29,14	0,73	10,63
27	15,45	1,06	11	47,4	931,9	35,2	29,14	0,73	10,63
Maßnahme	Fahrplan	Ausgabe	Umi. Luft (°C)	Lufttemp. Luft (°C)	P (hPa)	Atmfeucht. Boden (%)	Bodentemp. Boden (°C)	Kond. Tèrni $(W\tfrac{1}{8}\Gamma^{-1} K)^{-1}$	C/N
28	15,53	0,98	15	48	931,9	36,2	29,14	0,73	10,63
29	15,95	1,61	13	45	932,4	32,3	27,49	0,57	18,81
30	16,05	1,60	13	40,4	931,8	33,3	27,49	0,57	18,81
31	16,26	1,61	17	37,1	932	35,3	27,49	0,57	18,81
32	16,36	1,60	15	37,3	932	36,3	27,49	0,57	18,81
33	7,25	0,64	64	23,9	939	28,5	22,55	0,41	9,51
34	7,5	0,68	54	26,3	939,5	28,5	22,55	0,41	9,51
35	7,66	0,65	48	28	939	28,5	22,55	0,41	9,51
36	8	0,68	45	30,4	940,4	28,5	22,55	0,41	9,51
37	8,23	0,93	40	34	940,4	26,5	23,94	0,49	9,95
38	8,51	0,93	28	40,7	940,3	26,5	23,94	0,49	9,95
39	8,61	0,86	14	44,3	940	26,5	23,94	0,49	9,95
40	8,76	0,86	25	41,5	940	26,5	23,94	0,49	9,95
41	8,98	0,61	22	42,4	940,2	25,2	23,32	0,34	10,69
42	9,11	0,69	29	39,3	940,5	25,2	23,32	0,34	10,69
43	9,26	0,64	25	40,5	940,5	25,2	23,32	0,34	10,69
44	9,51	0,68	23,2	37,3	940,6	25,2	23,32	0,34	10,69
45	9,6	0,51	33	36,7	940,6	25,2	23,32	0,34	10,69
46	9,76	0,75	31	37,9	940,4	30,2	25,1	0,80	9,68
47	9,88	0,98	26	41,6	940,4	30,2	25,1	0,80	9,68
48	9,98	0,93	14	44,8	940,4	30,2	25,1	0,80	9,68
49	10,21	0,86	11	47,3	940	30,2	25,1	0,80	9,68
50	13,33	3,86	53	28	940,4	53,8	23,02	0,299	8,19

Maßnahme	Fahrplan	Ausgabe	Umi. Luft (° C)	Lufttemp. Luft (° C)	P Atm (hPa)	feucht. Boden (%)	Bodentemp. Boden (° C)	Kond. Tèrni W*nr^{-1} K)$^{-1}$	C/N
51	13,45	2,54	56	28	940,4	53,8	23,02	0,299	8,19
52	13,58	2,38	64	29,5	940,3	53,8	23,02	0,299	8,19
53	13,7	2,30	54	30,1	940,3	53,8	23,02	0,299	8,19
54	13,86	2,08	54	29,5	940,2	53,8	23,02	0,299	8,19
55	14,13	1,59	47	30,5	940,3	47,1	23,43	0,289	9,66*
56	14,31	1,68	49	30,1	940,2	47,1	23,43	0,289	9,66*
57	14,56	1,56	56	29,5	940,3	47,1	23,43	0,289	9,66*
58	14,65	1,55	54	29,3	940,1	47,1	23,43	0,289	9,66*
59	14,8	1,56	66	28,6	939,9	47,1	23,43	0,289	9,66*
60	15,33	1,47	57	28,7	940	50,5	23,3	0,449	8,67
61	15,13	1,03	62	28,7	939,7	50,5	23,3	0,449	8,67
62	15,3	1,11	64	28,4	939,6	50,5	23,3	0,449	8,67
63	15,41	0,92	66	28,1	939,6	50,5	23,3	0,449	8,67
64	15,6	1,19	62	28,3	939,4	50,5	23,3	0,449	8,67
65	15,88	1,32	61	28,7	939,5	48,8	22,95	0,32	8,42
66	16,01	1,09	66	28,7	939,5	48,8	22,95	0,32	8,42
67	16,11	1,25	65	28,2	939,3	48,8	22,95	0,32	8,42
68	16,25	1,39	58	27,9	939,2	48,8	22,95	0,32	8,42
69	14	0,85	47	27	940,2	43,8	21,42*	0,48*	11,39
70	14,01	0,76	49	27	940,3	43,8	21,42*	0,48*	11,39
71	14,03	0,61	48	27,1	940,2	43,8	21,42*	0,48*	11,39
72	7,2	0,89	48	27,2	940,3	43,8	21,42*	0,48*	11,39
73	15	3,04	80	26	939,5	65,6	22,51	0,58	10,61
74	15,25	2,92	78	26,2	939,5	65,6	22,51	0,58	10,61
75	15,36	2,76	78	26,5	939,3	65,6	22,51	0,58	10,61
76	15,5	1,97	77	26	939,2	65,6	22,51	0,58	10,61
77	15,66	1,75	70	26	939,7	60,6	22,48	0,55	10,81
78	16	2,57	72	25,8	939,6	60,6	22,48	0,55	10,81
79	16,01	1,23	70	25,8	939,6	60,6	22,48	0,55	10,81
80	16,31	3,35	68	26	939,4	60,6	22,48	0,55	10,81
81	16,5	2,73	68	26	939,5	60,6	22,48	0,55	10,81
82	16,75	2,07	65	25,5	940,2	53,8	22,85	0,72	10,46
83	17	2,57	60	25,5	940,3	53,8	22,85	0,72	10,46

Maßnahme	Fahrplan	Ausgabe	Umi. Luft (°C)	Lufttemp. Luft (°C)	P Atm (hPa)	feucht. Boden (%)	Bodentemp. Boden (°C)	Thermische Bedingungen (W*m^{-1} K)$^{-1}$	C/N
56	14,31	1,68	49	30,1	940,2	47,1	23,43	0,289	9,66*
57	14,56	1,56	56	29,5	940,3	47,1	23,43	0,289	9,66*
58	14,65	1,55	54	29,3	940,1	47,1	23,43	0,289	9,66*
59	14,8	1,56	66	28,6	939,9	47,1	23,43	0,289	9,66*
60	15,33	1,47	57	28,7	940	50,5	23,3	0,449	8,67
61	15,13	1,03	62	28,7	939,7	50,5	23,3	0,449	8,67
62	15,3	1,11	64	28,4	939,6	50,5	23,3	0,449	8,67
63	15,41	0,92	66	28,1	939,6	50,5	23,3	0,449	8,67
64	15,6	1,19	62	28,3	939,4	50,5	23,3	0,449	8,67
65	15,88	1,32	61	28,7	939,5	48,8	22,95	0,32	8,42
66	16,01	1,09	66	28,7	939,5	48,8	22,95	0,32	8,42
67	16,11	1,25	65	28,2	939,3	48,8	22,95	0,32	8,42
68	16,25	1,39	58	27,9	939,2	48,8	22,95	0,32	8,42
69	14	0,85	47	27	940,2	43,8	21,42*	0,48*	11,39
70	14,01	0,76	49	27	940,3	43,8	21,42*	0,48*	11,39
71	14,03	0,61	48	27,1	940,2	43,8	21,42*	0,48*	11,39
72	7,2	0,89	48	27,2	940,3	43,8	21,42*	0,48*	11,39
73	15	3,04	80	26	939,5	65,6	22,51	0,58	10,61
74	15,25	2,92	78	26,2	939,5	65,6	22,51	0,58	10,61
75	15,36	2,76	78	26,5	939,3	65,6	22,51	0,58	10,61
76	15,5	1,97	77	26	939,2	65,6	22,51	0,58	10,61
77	15,66	1,75	70	26	939,7	60,6	22,48	0,55	10,81

Maßnahme	Fahrplan	Ausgabe	Umi. Luft (°C)	Lufttemp. Luft (°C)	P Atm (hPa)	feucht. Boden (%)	Bodentemp. Boden (°C)	Thermische Bedingungen (W*m^{-1} K)$^{-1}$	C/N
78	16	2,57	72	25,8	939,6	60,6	22,48	0,55	10,81
79	16,01	1,23	70	25,8	939,6	60,6	22,48	0,55	10,81
80	16,31	3,35	68	26	939,4	60,6	22,48	0,55	10,81
81	16,5	2,73	68	26	939,5	60,6	22,48	0,55	10,81
82	16,75	2,07	65	25,5	940,2	53,8	22,85	0,72	10,46
83	17	2,57	60	25,5	940,3	53,8	22,85	0,72	10,46
84	17,25	2,86	60	25,3	939,5	53,8	22,85	0,72	10,46
85	17,5	3,02	60	25,3	939,5	53,8	22,85	0,72	10,46
86	14,61	1,59	81	25,2	945,4	57,2	21,17	0,66	8,77
87	14,75	1,95	84	25,2	945,4	57,2	21,17	0,66	8,77
88	14,86	1,99	81	25,4	945,2	57,2	21,17	0,66	8,77
89	15,16	1,98	80	25,2	945,1	57,2	21,17	0,66	8,77
90	10,38	1,64	86	23,2	945,9	57,2	21,42*	0,48*	9,66
91	10,66	1,73	88	23,3	945,6	53,8	21,42*	0,48*	9,66
92	10,91	2,59	89	23,5	945,3	63,9	21,42*	0,48*	9,66
93	11,08	2,14	89	24,2	945,2	50,5	21,42*	0,48*	9,66
94	11,33	2,49	88	24,7	945,0	67,3	21,42*	0,48*	9,66
95	9,83	2,10	89	19,4	948,6	39,9	18	0,48*	9,66
96	10,08	2,03	88	19,6	948,8	39,9	18	0,48*	9,66
97	10,25	1,67	92	18,9	948,5	34,0	18	0,48*	9,66
98	9,58	2,40	77	21	949,3	70,0	18	0,48*	9,66

ANHANG 02 - Ergebnisse der multiplen linearen Regression

Bereich	Gemessene Ausgabe	Beobachtete Emission	Berechnete Emission Multiple lineare Regression	Weiß-Hubber	Robusta
TALK 15	1	1,08	0,84	0,84	0,95
	2	2,29	2,20	2,20	2,19
	3	2,23	2,04	2,04	2,06
	4	2,01	1,89	1,89	1,90
	5	2,10	1,78	1,78	1,82
	6	2,17	1,83	1,83	1,85
	7	2,28	1,74	1,74	1,78
	8	1,79	1,46	1,46	1,68
	9	1,84	1,36	1,36	1,59
	10	1,93	1,44	1,44	1,67
	11	2,01	1,87	1,87	1,88
	12	2,06	1,72	1,72	1,74
	13	1,96	1,53	1,53	1,60
	14	1,61	1,37	1,37	1,38
	15	1,53	1,26	1,26	1,28
	16	1,33	1,29	1,29	1,31
	17	1,71	1,91	1,91	1,89
	18	1,71	1,94	1,94	1,92
	19	1,77	1,91	1,91	1,90
	20	0,96	1,35	1,35	1,26
	21	0,89	1,38	1,38	1,28
	22	1,01	1,32	1,32	1,22
	23	1,61	1,62	1,62	1,58

Bereich	Gemessene Ausgabe	Beobachtete Emission	Berechnete Emission Multiple lineare Regression	Weiß-Hubber	Robusta
	24	1,68	1,72	1,72	1,67
	25	1,57	1,80	1,80	1,75
	26	1,15	1,06	1,06	1
	27	1,06	0,99	0,99	0,94
	28	0,98	0,92	0,92	0,88
	29	1,61	1,24	1,24	1,42
	30	1,60	1,50	1,50	1,63
	31	1,61	1,74	1,74	1,84
	32	1,60	1,80	1,80	1,88
	33	0,64	0,74	0,74	0,69
	34	0,68	0,84	0,84	0,77
	35	0,65	0,79	0,79	0,71
	36	0,68	0,86	0,86	0,81
	37	0,93	0,90	0,90	0,88
	38	0,93	0,69	0,69	0,69
	39	0,86	0,70	0,70	0,66
	40	0,86	0,68	0,68	0,66
	41	0,61	0,51	0,51	0,51
TALLHÅO 15	42	0,69	0,61	0,61	0,63
	43	0,64	0,62	0,62	0,63
	44	0,58	0,88	0,88	0,85
	45	0,51	0,74	0,74	0,75
	46	0,75	1,39	1,39	1,39
	47	0,98	1,25	1,25	1,27
	48	0,93	1,27	1,27	1,26
	49	0,86	1,13	1,13	1,14
TABELLE 23	50	3,86	1,82	1,82	1,57
	51	2,54	1,77	1,77	1,54
	52	2,38	1,52	1,52	1,34
	53	2,30	1,67	1,67	1,46
	54	2,08	1,70	1,70	1,49
	55	1,59	1,68	1,68	1,54
	56	1,68	1,66	1,66	1,53
	57	1,56	1,59	1,59	1,49
	58	1,55	1,62	1,62	1,51
	59	1,56	1,42	1,42	1,37
	60	1,47	1,81	1,81	1,70
	61	1,03	1,67	1,67	1,58
	62	1,11	1,65	1,65	1,57
	63	0,92	1,63	1,63	1,56
	64	1,19	1,68	1,68	1,60
	65	1,32	1,47	1,47	1,39
	66	1,09	1,38	1,38	1,33
	67	1,25	1,42	1,42	1,35
	68	1,39	1,56	1,56	1,46
	69	0,85	1,84	1,84	1,82
	70	0,76	1,81	1,81	1,80
	71	0,61	1,81	1,81	1,80

Bereich	Gemessene Ausgabe	Beobachtete Emission	Berechnete Emission Multiple lineare Regression	Weiß-Hubber	Robusta
	72	0,89	1,56	1,56	1,39
	73	3,04	2,15	2,15	2,05
	74	2,92	2,18	2,18	2,08
	75	2,76	2,15	2,15	2,05
	76	1,97	2,19	2,19	2,09
	77	1,75	2,19	2,19	2,11
	78	2,57	2,17	2,17	2,10
	79	1,23	2,21	2,21	2,13
	80	3,35	2,22	2,22	2,14
	81	2,73	2,24	2,24	2,17
	82	2,07	2,35	2,35	2,36
	83	2,57	2,47	2,47	2,45
TALK 23	84	2,86	2,40	2,40	2,39
	85	3,02	2,41	2,41	2,40
	86	1,59	2,36	2,36	2,38
	87	1,95	2,31	2,31	2,34
	88	1,99	2,34	2,34	2,36
	89	1,98	2,37	2,37	2,39
	90	1,64	2,21	2,21	2,11
	91	1,73	2,02	2,02	1,98
	92	2,59	2,32	2,32	2,18
	93	2,14	1,80	1,80	1,82
	94	2,49	2,36	2,36	2,20
	95	2,10	1,73	1,73	1,87
	96	2,03	1,77	1,77	1,91
	97	1,67	1,51	1,51	1,73
	98	2,40	2,97	2,97	2,75

Printed by Books on Demand GmbH, Norderstedt / Germany